U0177524

樱井进数学大师课

巧用数量解难题

[日] 樱井进◎著　智慧鸟◎绘　李静◎译

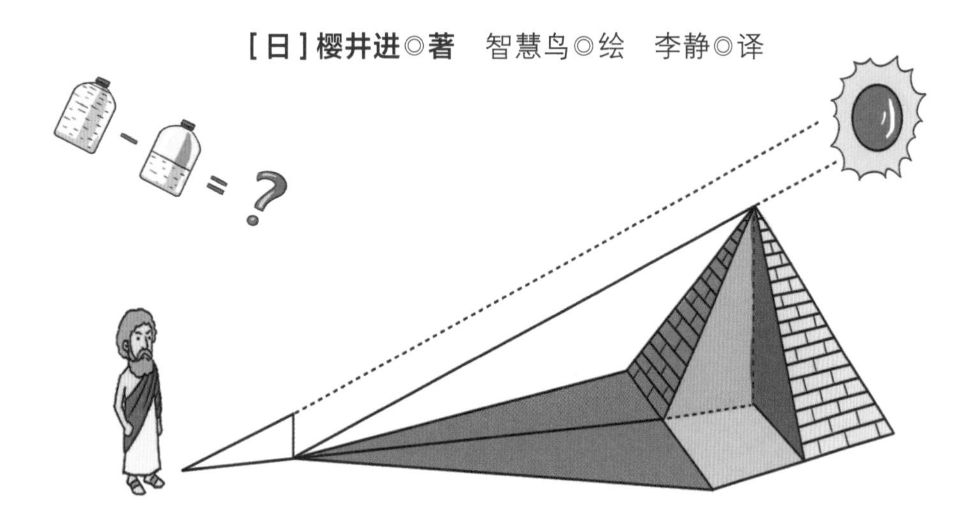

電子工業出版社
Publishing House of Electronics Industry
北京·BEIJING

版权贸易合同登记号　图字：01-2022-1937

图书在版编目（CIP）数据

樱井进数学大师课. 巧用数量解难题 /（日）樱井进著；智慧鸟绘；李静译. -- 北京：电子工业出版社, 2022.5
ISBN 978-7-121-43347-4

Ⅰ. ①樱… Ⅱ. ①樱… ②智… ③李… Ⅲ. ①数学－少儿读物 Ⅳ. ①O1-49

中国版本图书馆CIP数据核字(2022)第069758号

责任编辑：季　萌　　文字编辑：肖　雪
印　　刷：天津善印科技有限公司
装　　订：天津善印科技有限公司
出版发行：电子工业出版社
　　　　　北京市海淀区万寿路173信箱　邮编：100036
开　　本：889×1194　1/16　　印张：30　　字数：753.6千字
版　　次：2022年5月第1版
印　　次：2022年5月第1次印刷
定　　价：198.00元（全6册）

凡所购买电子工业出版社图书有缺损问题，请向购买书店调换。若书店售缺，请与本社发行部联系，联系及邮购电话：（010）88254888，88258888。
质量投诉请发邮件至zlts@phei.com.cn，盗版侵权举报请发邮件至dbqq@phei.com.cn。
本书咨询联系方式：（010）88254161转1860，jimeng@phei.com.cn。

前言

数学好玩吗？是的，数学非常好玩，一旦你认真地和它打交道，你会发现它是一个特别有趣的朋友。

数学神奇吗？是的，数学相当神奇，可以说，它是一个大魔术师。随时都会让你发出惊讶的叫声。

什么？你不信？那是因为你还没有好好地接触过真正奇妙的数学。从五花八门的数字测量、比较，从奇奇怪怪的图形到数学的运算和应用，这里面藏着数不清的故事、秘密、传说和绝招。看了它们，你会有豁然开朗的感觉，更会有想要跳进数学的知识海洋中一试身手的冲动。这就是数学的魅力，也是数学的奇妙之处。

快翻开这本书，一起来感受一下不一样的数学吧！

目录

生活中到处有数量

在生活中，如果问你苹果的数量是多少，人的数量是多少，估计你能快速地根据你所看到的事物给出答案。

然而，数量到底是什么呢？

数量其实就是事物数目的多少，是对现实生活中事物的量的一种表达方式。

从远古时代开始，在日常生活和生产实践中，人们需要创造出一些语言来表达事物（事件与物件）量的多少。

数量不是简单的数字

数量其实并不是单纯的数字，它还需要加上一些后缀词来表达。比如：

分礼物要公平

分东西在我们的生活中司空见惯，不过，分东西的时候要力求公平，才能让每个人都满意。那怎样才能做到公平呢?

那就是平均地分，所谓平均地分，就是让每个人分得的数量都一样。

现在潇潇妈妈的手里有一盒巧克力，里面共装了12颗巧克力。她现在要把巧克力分给潇潇和潇潇的表姐。这两个孩子都非常喜欢吃巧克力，都不希望自己分到的少了。

为此，潇潇整理了一下思路:

巧克力总共12颗，要分给2个人，也就是分成2份，并且要求2份一样多。想知道每人能分到多少，也就是每份有多少。

这么一来，这些数字之间就有了联系，即：巧克力的总颗数 = 每份的数量 × 份数。现在要求的是每份的数量。

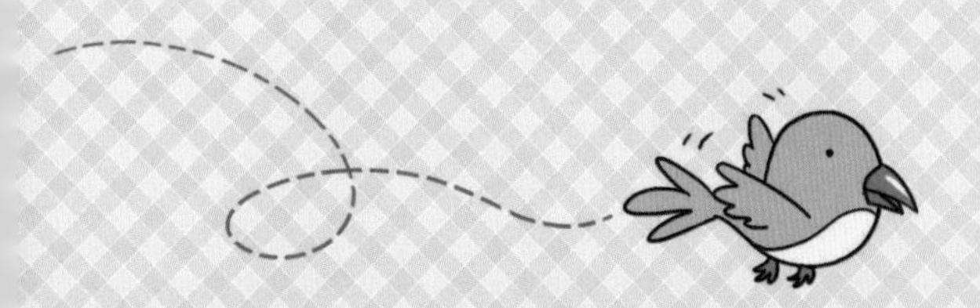

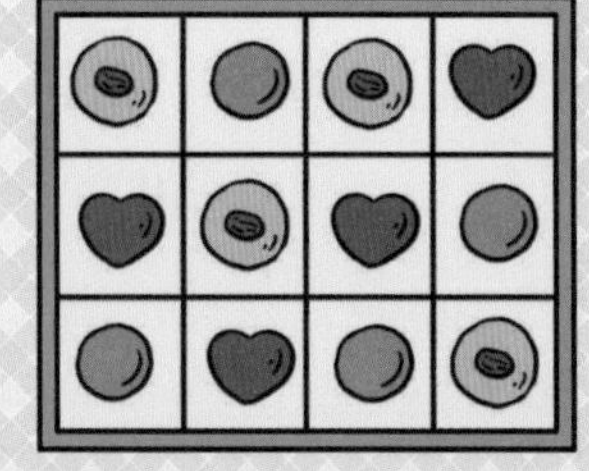

根据观察，我们可以知道，这个数量关系式其实也是一个乘法。

我们可以根据要求的是什么，将数量关系式进行变换，就变成了：每份的数量 = 巧克力的总颗数 ÷ 份数。

如此一来，潇潇就快速地得出了答案：

那这样的关系式，换一种具体的情况，是不是就不成立了呢？

比如，快过六一儿童节了，潇潇的老师为班上的每个学生准备了铅笔当礼物。铅笔共有84支，他们班的学生是42人。为了公平，她应该怎么分这些铅笔呢？

在这里，还是追求公平地平均分，依然是“总数 = 每份的数量 × 份数”的变式运用，得出：每个同学分得的数量（相当于每份的数量）= 铅笔的总支数 ÷ 人数（相当于要分的份数）。

84÷42=2（支）

所以，在生活中，虽然要分的东西和分给多少人有所变化，但是，这些数量的内在联系并没有改变，还是可以用相同的数量关系式来解答。

不可能是奇数

如果问什么样的数是奇数，估计一年级的小朋友都能回答得上来——奇数就是用木棒把它的数量摆出来，将这些木棒两两配对后，还有一根落单。

两两配对后，可以配成 3 对，但是还剩下一根木棒，那么，7 就是奇数。

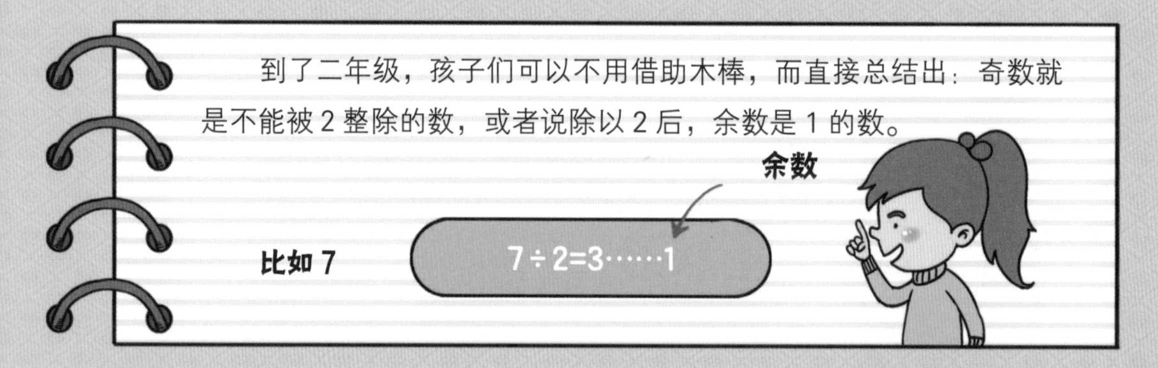

余数是 1，所以，7 是奇数。

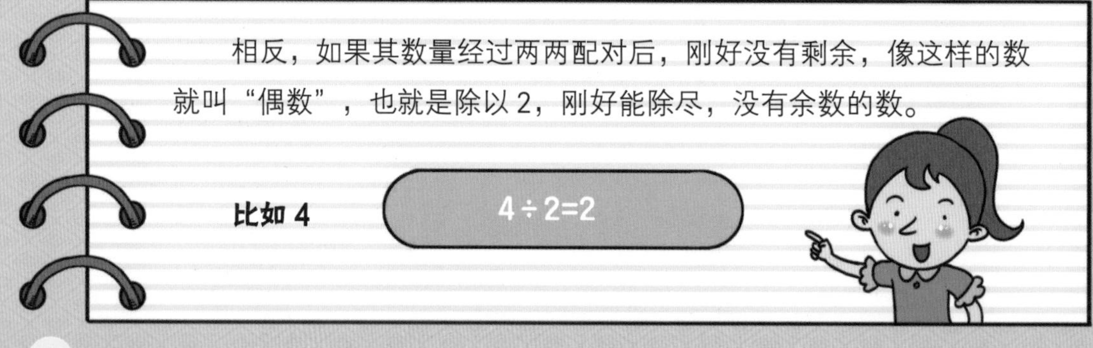

了解了偶数和奇数的概念，接下来，让我们一起看看骏骏、潇潇爱玩的一个游戏吧。

一局又一局，骏骏和潇潇都没有分出输赢。

这是因为，他们发现当一方出了奇数时，想要它和另一数字的和是偶数，那么，就需要把奇数里那个落单的，也凑成一对。这时，如果出偶数的话，偶数本身已经凑好对了，没有落单的，而出奇数的话，肯定也会有一个落单的，刚好和之前那个落单的凑成一对，就变成了偶数。

总结出来就是：**奇数 + 奇数 = 偶数**

同样的道理，出的是偶数的话，它自己已经凑好对了，我们再出的另一数字，就只能出已经凑好对的偶数了。

所以：**偶数 + 偶数 = 偶数**

那假如，把游戏规则改成，两人卡片上的数字加起来是奇数呢？你能得出数量关系吗？

（偶数 + 奇数 = 奇数）

当对方出了一个奇数，那你出的数字卡片上的数字不能是奇数！

加了 1，结果却不是增加 1？

我们知道，任何数加一个 1，结果都会增加 1。但是，有意思的是，在下面的情况里，增加了 1 个，结果增加的却不是 1。这是为什么呢？

乘数增加 1，结果会怎么变化呢？

首先，我们来看一下“任何数加一个 1，结果都会增加 1”这句话，这其实是针对加法这一运算所得的结果而言的。潇潇让 11 增加了 1，的确，经过这一次操作后，结果确实是 12，只增加了 1，所以并没有错误。

但是，这个算式本身是乘法算式，对于整个乘法算式来说，11 在这里扮演的角色就是乘数。11×3，表示的是 11 个 3 相加的简便运算，如今 11 变成了 12，则变为 12 个 3 相加的简便运算，最后的结果比之前多了 1 个 3。

$$\underbrace{3+3+3+3+3+3+3+3+3+3+3}_{11\text{个}3}=33$$

$$\underbrace{3+3+3+3+3+3+3+3+3+3+3+3}_{12\text{个}3}=36$$

所以，答案变成了 36。

由此可以得出，一个乘法运算中，一个乘数如果增加 1，最后的结果应该是在原来的基础上增加了 1× 另外一个乘数。

同理，一个乘数如果增加 2，最后的结果应该是在原来的基础上增加了 2× 另外一个乘数。

一个乘数如果增加 3，最后的结果应该是在原来的基础上增加了 3× 另外一个乘数。

……

面积增加了这么多！

通过上一页，我们知道，一个乘数如果增加 n，最后的结果应该是在原来的基础上增加了 $n\times$ 另外一个乘数。有了这个结论，可以让我们在做面积的题目时游刃有余，计算速度快，而且正确率也会提高。

看，骏骏外婆家的两块菜地被扩大了。这两块菜地原本面积一样大，而且都是长方形的。外婆把其中一块菜地的长增加了 2 米，面积就增加了 8 平方米，而另一块菜地，外婆却是把宽增加了 2 米，而面积却增加了 12 平方米。

外婆想考考骏骏，就问他：“这两块地原来没扩大时的面积是多少？”

骏骏花了很长时间，都没有想出来。

我们一起来帮帮他。

整个题目涉及的是长方形的面积，而长方形的面积 = 长 × 宽。

正好是一个乘法运算，所以长增加 1，那么面积增加的是 1× 宽，长增加 n，那么面积增加的是 n× 宽。

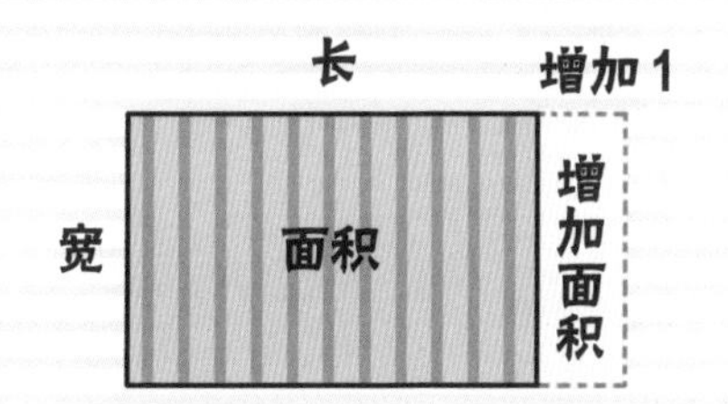

宽增加 1，那么面积增加的就是 1× 长；宽增加 n 的话，那么面积增加的是 n× 长。

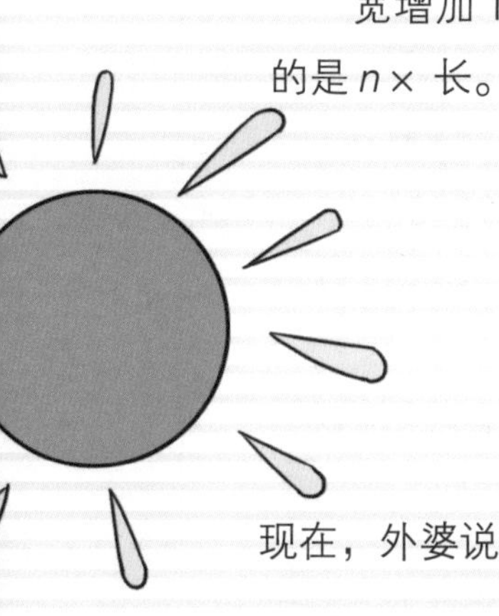

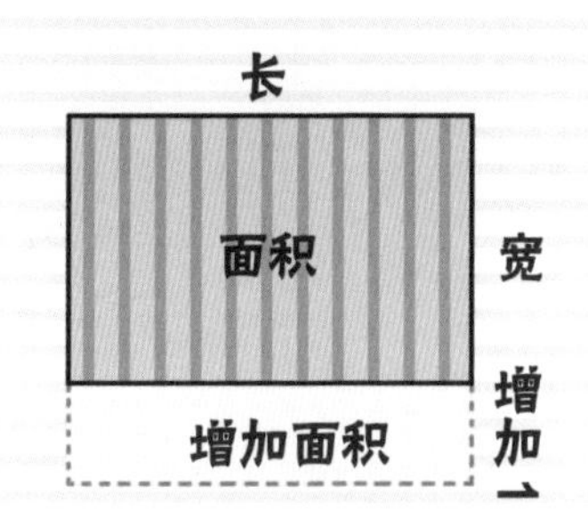

现在，外婆说长增加 2 米，那么面积增加的应该是

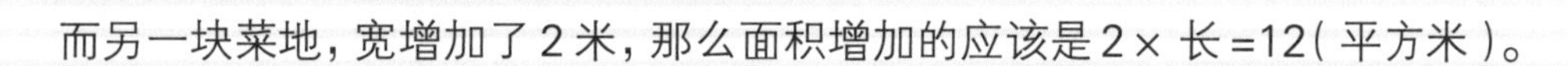

2× 宽 =8（平方米）。

所以，　　宽 =8÷2=4（米）

而另一块菜地，宽增加了 2 米，那么面积增加的应该是 2× 长 =12（平方米）。

所以，　　长 =12÷2=6（米）

这里求出来的都是菜地原来的长和宽，所以，原来的菜地面积 = 长 × 宽 =

6×4=24（平方米）

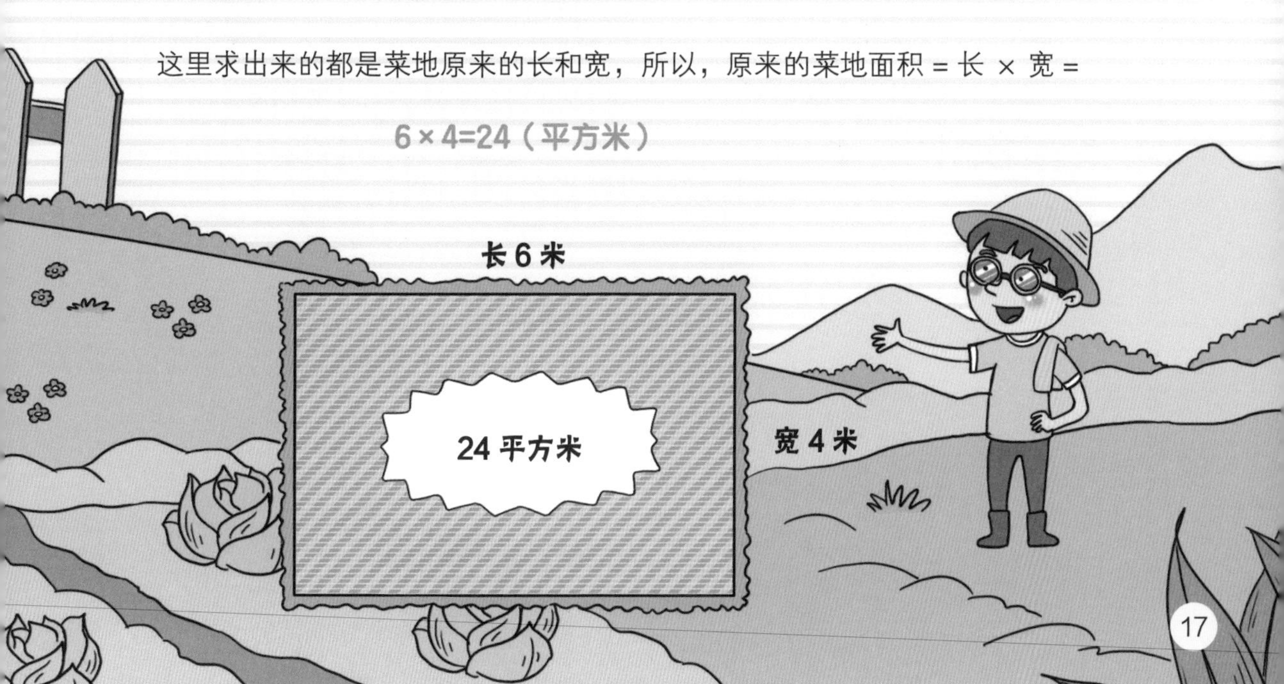

一个在变多，一个在变少

有时候，我们常常犯这样的低级错误——

自己有 6 支铅笔，对方有 4 支铅笔，因为自己比对方多了 2 支，为了让对方和自己一样多，自己毫不犹豫地将那 2 支多出来的给了对方，结果却变成自己比对方少 2 支了。

这是为什么呢?

单方面实现一样多

其实，在人类简单直接的思维方式里，我们总以为对方比我们少几个，我们就给对方几个，从而能让对方拥有的个数和我们一样多，而忽略了自己在给对方的时候，对方的数量变多了，我们自己拥有的数量却在变少。

那我们到底应该怎么“给对方”来实现“一样多”呢？

我们就以前面的例子来看一看：

骏骏有 6 支铅笔，潇潇有 4 支铅笔，骏骏要给潇潇几支，才能保证两人的铅笔数量一样多？

我们用圆圈表示铅笔，进行画图演示：

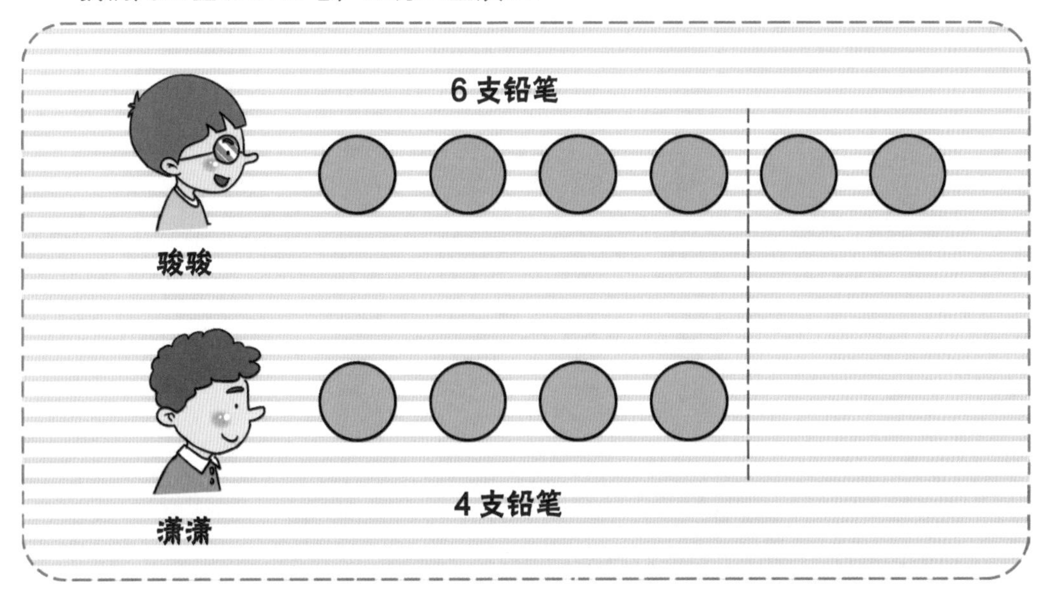

由图可以看出，骏骏比潇潇多出来的那 2 支，不能直接全部给潇潇，而是应该将多出来的那 2 支，分一半给潇潇，给自己留一半，这样就可以使图中的圆圈上下对齐，数量一样多了。

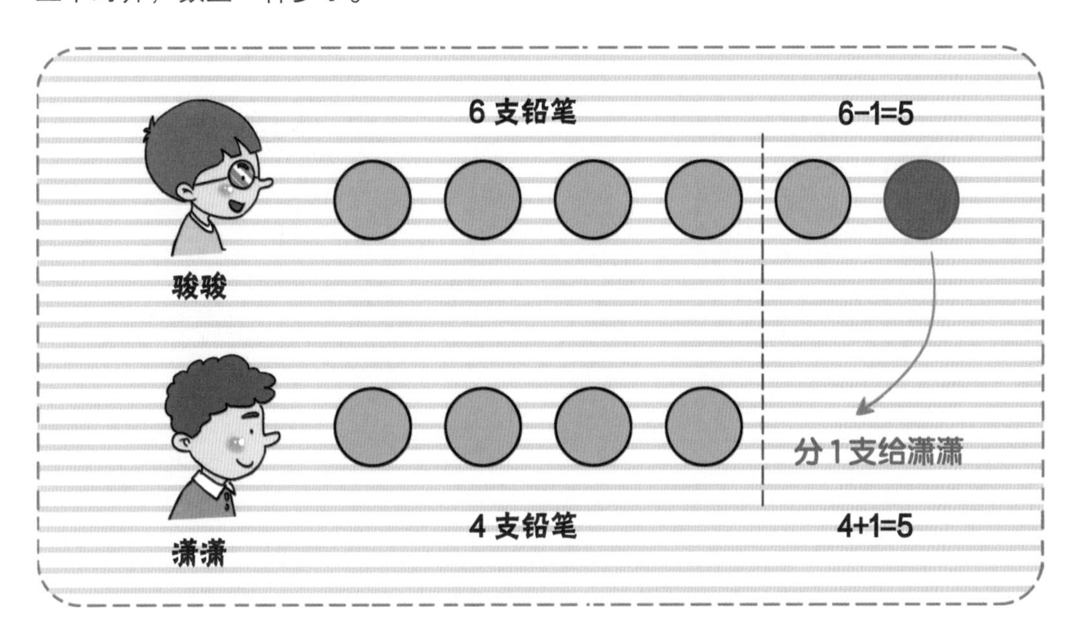

这时，骏骏拥有的支数 =6-1=5（支）

潇潇拥有的支数 =4+1=5（支）

两者相等。

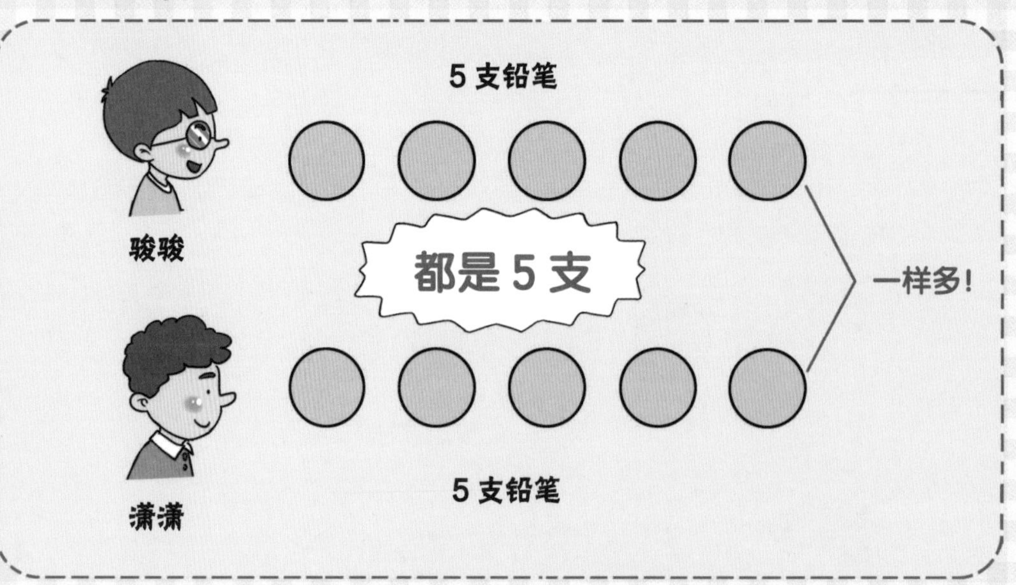

如果把题目反过来，改成：骏骏和潇潇共有铅笔 10 支，如果骏骏给了潇潇 1 支，两人的铅笔数就相等了，请问原来骏骏和潇潇各有几支铅笔？

这时，我们可以运用反向思维，从结果去推起：最后的结果是两人的铅笔一样多了，那一样多的时候，他们各自手里有多少支呢？

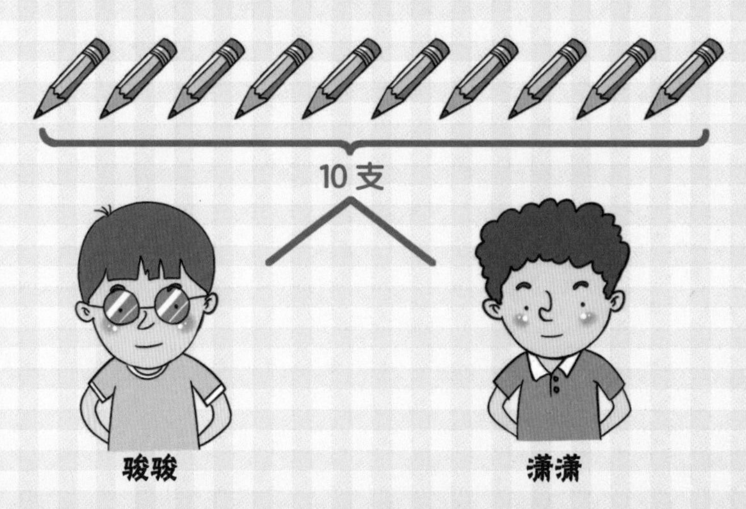

把 10 支铅笔分给两个人，两个人得到的数量一样多，说明是将这些铅笔平均分成了 2 份，那么骏骏和潇潇最后拥有的支数：

10÷2=5（支）

而骏骏拥有的支数变为 5 支是因为骏骏给了潇潇 1 支，所以，骏骏原来的支数：　　5+1=6（支）

而潇潇则是在原来的基础上多了 1 支，才变成了 5 支，所以，潇潇原来的支数：　　5-1=4（支）

就这样，跳出常规思维，逆向推理，便解决了问题。

当然，还有 1 个方法："骏骏给了潇潇 1 支，两个人的铅笔数就相等了"，根据这句话，我们从前面画图解答的过程中可知，骏骏原来的铅笔数应该比潇潇原来的支数多 1×2=2（支）（因为骏骏只把比潇潇多出的铅笔数的一半给了潇潇，所以，骏骏原本多出的支数 = 给了潇潇支数的 2 倍）。

了解了这样的数量关系式，下面的问题，你能快速回答出来吗？

1

骏骏把 5 个苹果给了潇潇，两人的苹果就一样多了，骏骏原来比潇潇多了几个苹果？

答案：5×2=10（个）

2

骏骏把 3 块橡皮擦给了潇潇，两个人的橡皮就一样多了，骏骏比潇潇多了几块橡皮？

答案：3×2=6（块）

重叠里的奥秘

我们在算数的时候，一不小心就把一些东西重复计算了。而在现实生活中，也存在很多重叠的地方，比如，将两张纸条粘贴在一起，会有重叠的部分，纸条的总长度并不是单纯等于两张纸条的长度和；再比如，一个班的学生，有人既参加了体育类的社团，又参加了文艺类的社团，在算全班人数的时候，就不能直接将参加这两类社团的学生人数相加。这是为什么呢？

举个生活中的实例来看看吧！

学校举办歌舞晚会，唱歌的有30人，跳舞的有70人，既唱歌又跳舞的有20人，请问参加歌舞晚会的到底有多少人呢？

如果不留神，我们会很快给出答案，认为参加歌舞晚会的人数：

70+30=100（人）

但是，静下来一想，会发现有问题。那问题在哪里呢？

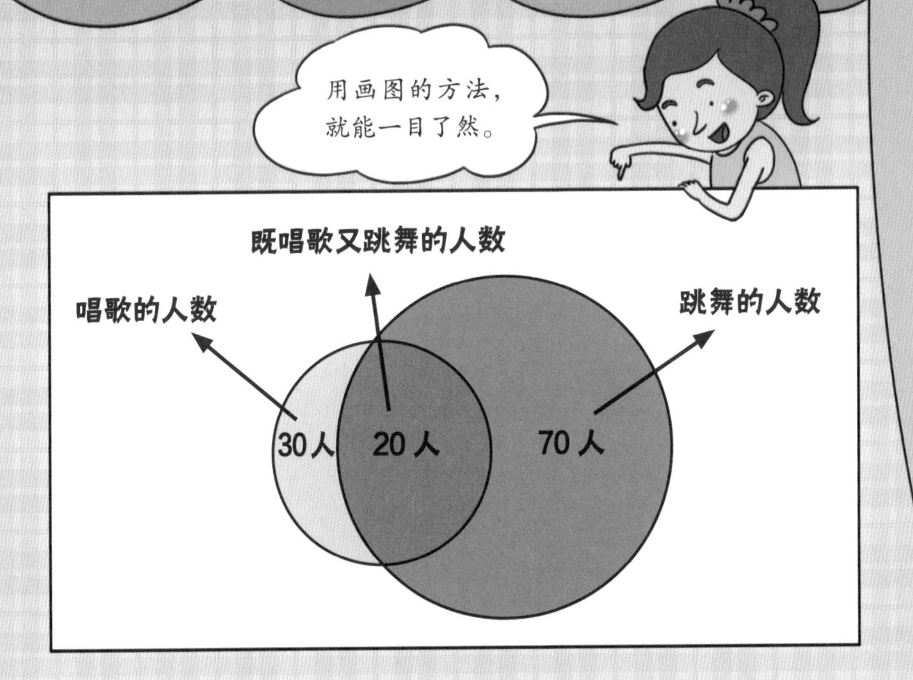

由图可以看出，唱歌的30人里，有20人是在既唱歌又跳舞的框框里的，此外，跳舞的70人里，也有20个人是在既唱歌又跳舞的框框里的。

所以，我们要求参加歌舞晚会的人数，就是要计算：只唱歌的人数+既唱歌又跳舞的人数+只跳舞的人数。

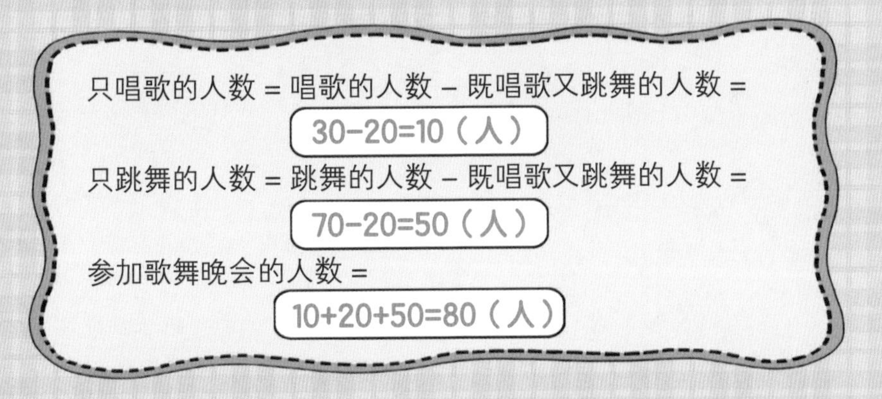

而之前算出的结果是100人，就是没有考虑“既唱歌又跳舞的人数”在“唱歌的人数”里算了一次，在“跳舞的人数”里也算了一次，总共算了2次。

而事实上，“既唱歌又跳舞的人数”只要算一次就可以了，为此，我们还可以有另外一种解法，把多算的一次“既唱歌又跳舞的人数”减去即可。

所以，参加歌舞晚会的人数 = 唱歌的人数 + 跳舞的人数 − 既唱歌又跳舞的人数 =

30+70−20=80（人）

你在长，爸爸也在长
年龄
如果有人问你“无论你怎么长，有一项，你永远无法超过你爸爸，这一项是什么”，有人可能会毫不犹豫地回答：“年龄。”
是的，一年又一年过去，每个人的年龄都在不断地增长，所以，当我们长大了一岁时，爸爸的年龄也在长。所以，爸爸和我们相差几岁，就一直相差几岁。当然，除此之外，任何两人之间的年龄差也是固定不变的。
如果忽略了这一点，你可能会在解决下面的这个题目时闹笑话哦。
相差2岁
骏骏
潇潇
今年骏骏和潇潇的年龄差为2岁
小沫
10年后小沫的年龄与骏骏、潇潇的年龄差相加等于22，请问：今年小沫的年龄是多少？

初看题目，已知信息很是弯弯绕绕，但是这里出现了两个相同的语句：“今年骏骏和潇潇相差 2 岁”以及“骏骏、潇潇的年龄差”。

因为骏骏和潇潇今年相差 2 岁，由于两个人的年龄都在长，所以，10 年后，他俩的年龄差还是 2 岁。

10 年后

年龄差还是
2 岁

因此，“10 年后小沫的年龄与骏骏、潇潇年龄差的和是 22”，根据这句话可以得出一个数量关系式：

10 年后小沫的年龄 + 骏骏和潇潇的年龄差 =22

将关系式进行变换，

10 年后小沫的年龄 =22- 骏骏和潇潇的年龄差 =

22-2=20（岁）

现在要求的是小沫今年的年龄，所以，小沫今年的年龄 =

10 后小沫的年龄 -10=20-10=10（岁）

由此可以看出，知道“骏骏和潇潇的年龄差不会改变”是解决这个问题的关键。

再来挑战一个难一点的问题。
今年骏骏10岁，他的爸爸40岁，请问，多少年前，爸爸的年龄是骏骏的6倍？
看到这个题目，虽然根据“今年骏骏10岁，他的爸爸40岁”，可以快速地得出，骏骏和爸爸的年龄差=
40-10=30（岁）
但是，后面的问题就让人有点头脑混乱了。
要求的是
“多少年前，爸爸的年龄是骏骏的6倍，”一下子从年龄差，变成了年龄之间的倍数关系，跳跃还真有点大。

但是，如果我们仔细推敲一下“爸爸的年龄是骏骏的 6 倍”这句话，可以跟“年龄差”更靠近一点的话，就把这句话变化为“爸爸的年龄比骏骏的年龄多了 5 倍”。

爸爸的年龄是骏骏年龄的

如此一来，爸爸比骏骏多了的年龄就对应爸爸比骏骏多了的倍数，所以，爸爸比骏骏多了的年龄 = 骏骏的年龄 ×5

骏骏的年龄 = 爸爸比骏骏多了的年龄 ÷4=

（40−10）÷5=6（岁）

也就是说，当骏骏的年龄是 6 岁的时候，爸爸的年龄是骏骏的 6 倍，而今年骏骏 10 岁，所以，骏骏 6 岁的时候是 4 年前，答案就出来了！

在这里，解题的关键除了“两人的年龄差固定不变”外，还有“爸爸比骏骏多了的年龄就对应爸爸比骏骏多了的倍数”。

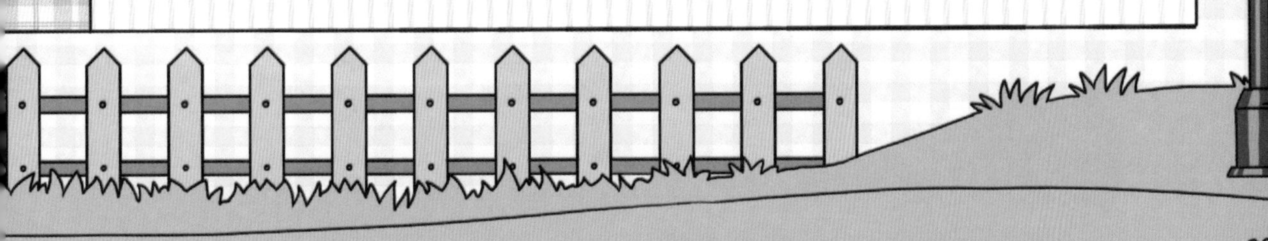

神奇的体积变化

正方体是非常常见的立体图形，如正方体的魔方、正方体箱子、正方体的纸盒、豆腐……

不过，在生活中，我们常常会遇到一个纸箱子不能放下我们想放的东西的情况。这时，我们就需要把它变大一点，把它的所有边或部分边的长度增加一些。

像下面这个正方体，它原来的边长是 30 厘米，现在要将它的每条边都增加 10 厘米或只把它的高度增加 10 厘米，请问它的体积会发生怎样的变化?

所以，当棱长是 30 厘米时，正方体的体积就是

30 × 30 × 30=900 × 30=27000（立方厘米）

而每条边增加 10 厘米后，边长为 10+30=40 厘米，正方体的体积就是

40 × 40 × 40=64000（立方厘米）

增加的体积就是 64000−27000=37000（立方厘米）

根据数据显示，变化得还真多。

接下来，看看第二种增加的方法。看下图：

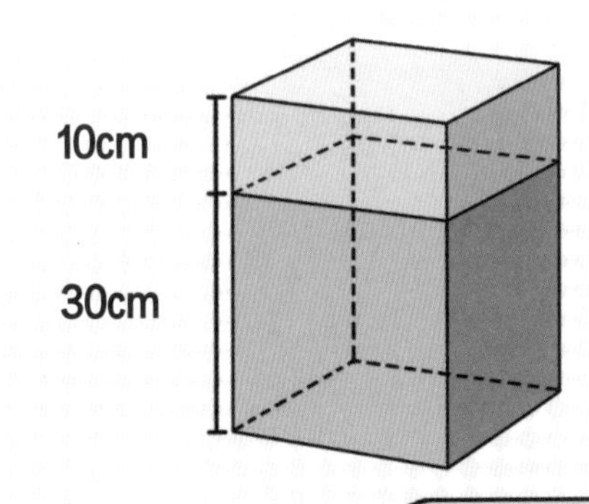

没增加时的体积是 30 × 30 × 30=900 × 30=27000（立方厘米）

增加后：长方体的体积 =

长 × 宽 × 高 =30 × 30 ×（30+10）=900 ×（30+10）
=900 × 40=36000（立方厘米）

增加的体积是 =36000−27000=9000（立方厘米）

再仔细观察一下图片，不难发现，增加的体积其实就等于上面增加的长方体的体积。因此要求增加的体积，只要求出上面的长方体的体积即可。它的长为 30 厘米、宽为 30 厘米，高为 10 厘米，所以，体积为 30 × 30 × 10=9000（立方厘米）。这样计算就快捷多了。

糖越多，糖水就越甜吗？

我们知道，把糖溶解在水里，可以让水变甜，但是，糖越多，糖水就越甜吗？为此，骏骏和潇潇一起做了一个实验。

骏骏取了 20 克糖，放在了 100 克水里。潇潇取了 50 克糖，也放在了 100 克水里。

他们一一尝试了一番，果然，潇潇制作的糖水更甜，

但是，骏骏还是有点怀疑，于是，他把 50 克糖放在 100 克水里，然后将 100 克糖，放在了 500 克水里。

一尝，不对，虽然后者放的糖更多，但是，它竟然没有更甜。这是怎么回事呢？

这是因为，糖水的甜度不仅跟糖的多少有关，还跟水有关。试想一下，你将 100 克的糖放入 100 克水中，和将 100 克的糖放入大海中，肯定是前者甜度更高。

但是，对甜度起决定作用的是：糖占总糖水的百分比。这个百分比越大，甜度就越高，反之，则甜度越低。

糖占总糖水的百分比 = 糖的重量 ÷ 糖水的重量 × 100%

而糖水的重量 = 糖的重量 + 水的重量

 =  + 

我们不妨用这样的数量关系式来算一算他们配制的糖水的甜度。

①

20 克糖，100 克水

糖占总糖水的百分比

=20 ÷（20+100）≈ 16.7%

②

50 克糖，100 克水

糖占总糖水的百分比

=50 ÷（100+50）≈ 33.3%

③

100 克糖，500 克水

糖占总糖水的百分比

=100 ÷（100+500）≈ 16.7%

16.7%<33.3%

所以，①号和②号对比，②号和③号对比，都是②号中糖占总糖水的百分比更高。

逆流而上真的更艰难?

小朋友们，你们坐过船吗？如果坐船的时候，我们的船是顺着流水行驶的，那么，我们划船会更轻松一点，即使不划船，船也会在水流的冲击下，往前行驶。但是，如果船是逆流行驶，我们不用力划船的话，船就会往后退。

不过，现在很多船都是机动的，不需要人力划船，在逆流行驶和顺流行驶时，船的速度会有什么变化呢?

而且，当顺流行驶时，船行驶的速度 = 船本身的速度 + 水流的速度；当逆流行驶时，船行驶的速度 = 船本身的速度 − 水流的速度

当在静水中行驶时，船的行驶速度不受水流的影响，就等于船本身的速度。

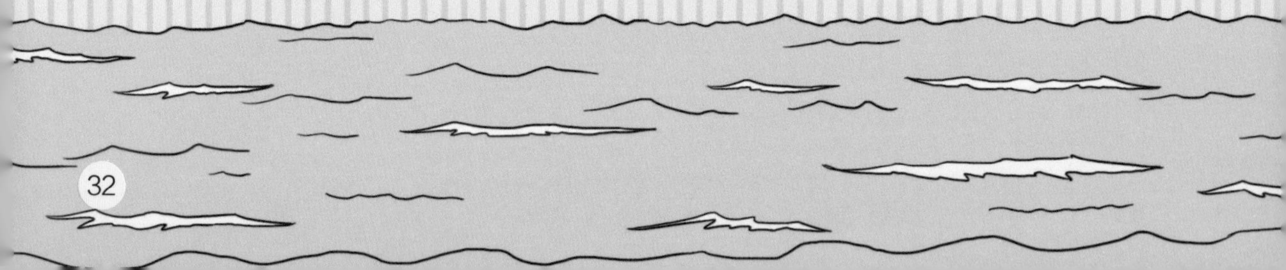

骏骏乘坐的船在静水中行驶320千米需要8个小时，如果在水流的速度为每小时15千米的状态下行驶，这只船顺流行驶这段路程需要几小时？逆流行驶需要几小时呢？
根据时间 = 路程 ÷ 速度，现在路程已经知道了，要求时间，就只需要把船行驶的速度求出来。要求船行驶的速度，那首先得把船在静水中的速度求出。而在静水中时，船行驶320千米，走了8个小时，所以，船在静水中的速度 =320 ÷ 8=40（千米 / 时）
顺流时
船行驶的速度 =40+15=55（千米 / 时）
时间 =320 ÷ 55 ≈ 5.8（小时）
逆流时
船行驶的速度 =40−15=25（千米 / 时）
时间 =320 ÷ 25=12.8（小时）
看，逆流需要的时间都已经是顺流时的2倍多了，“逆流而上”还真是不容易啊！

打折的秘密

去逛商场时，我们常常能看到类似这样的广告语：

亏本大甩卖，全场 5 折！
春季特卖，全场 7 折！
门面装修，清仓大处理，
全场 1 折！
……

这些商品打折的广告语总是能吸引消费者的目光，但是，你们知道怎么计算商品打折后应该付多少钱吗？打折到底便宜了多少呢？是 1 折更便宜还是 5 折更便宜呢？

要回答这些问题，首先我们得知道什么叫打折。打折就是将物品按原价的百分之几十进行销售。比如打 9 折，就是将商品按照原价的 90% 进行销售，也就是说，现价和原价满足这样的数量关系：现价 = 原价 × 90%。

如此一来，在原价都相同的情况下，你能比较打 1 折和打 9 折哪个更便宜了吗？

别急，我们可以根据打折的定义一起来理一理。

打折定义

打 1 折：现价 = 原价 ×10%= 原价 ×0.1

打 9 折：现价 = 原价 ×90%= 原价 ×0.9

原价 ×0.1< 原价 ×0.9，所以，打 1 折比打 9 折更便宜，优惠力度更大。

那么问题又来了。既然打 1 折比打 9 折更便宜，那能算出优惠了多少吗？所谓优惠了多少，就是物品的价格比原价降低了多少元。根据这个定义，又可以得出以下数量关系式：

优惠金额

优惠的金额 = 原价 − 现价

打 1 折时：优惠的金额 = 原价 − 原价 ×0.1= 原价 ×0.9

打 9 折时：优惠的金额 = 原价 − 原价 ×0.9= 原价 ×0.1

因为原价 ×0.9> 原价 ×0.1，所以，打 1 折便宜的金额比打 9 折便宜的金额更多。

知道了这些，我们用它来解决一下实际问题吧。

潇潇的妈妈看上了一款连衣裙，标签上标的原价是 200 元，有一家店在做“全场 5 折”的促销活动，另一家店在做“全场 7 折”的促销活动。请问，潇潇的妈妈应该在哪家店买更便宜呢？两家店的价格分别比原价便宜了多少？

试一试吧，聪明的你已经能快速得出答案了吧。

他是什么时候出发的？

在生活中，我们要有时间概念，才能帮助我们不错过一些重要的事情，并能帮助我们更好地安排自己的行程。

一天，骏骏要去外婆家，在某个时间点终于出门了。如果按照他平时每小时走 6 千米的速度，上午 11 点就能到达，但是，他的“拖延症”又犯了，他放慢了脚步，以每小时走 4 千米的速度行走，到下午 1 点才到达外婆家。请问，你知道他是什么时候出发的吗？

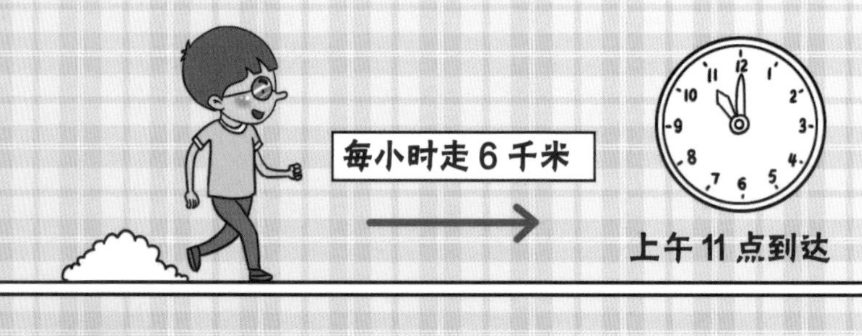

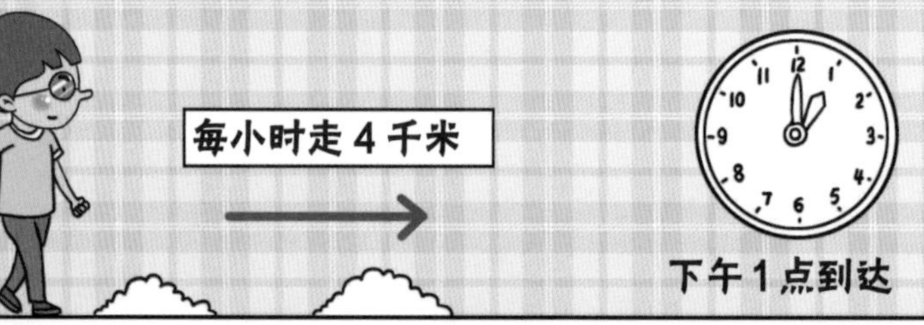

通过上面的信息，我们知道的主要有速度和时间，而且是两个不同的速度和时间。那路程是多少呢？按两种不同的速度走，什么没有变呢？对，路程没有变。

路程 = 时间 × 速度

不过，虽然路程没变，具体是多少千米却还是一个谜。

那再回到题目中，我们仔细分析一下这两种行走方式有什么变化，找到数量关系。

骏骏由每小时走 6 千米变为每小时走 4 千米，那说明，每小时少走了 2 千米。而以 6 千米每小时的速度行走时，走到上午 11 点就到了。而后者却下午 1 点才到达，说明时间上延迟了 13 时 -11 时 =2 小时。

而在后面的两个小时里，他走的路程 = 速度 × 时间 =4×2=8（千米）

也就是说，骏骏从起始时间走到 11 点，以 6 千米的速度行走的路程比以 4 千米行走的路程多了 8 千米。

由路程差 = 速度差 × 行走的时间 得出，行走的时间 = 路程差 ÷ 速度差 =

8÷（6−4）=4（时）

所以，从起始时间到 11 点，骏骏走了 4 个小时。

在解决这个问题时，骏骏多花的时间里走的路程，与骏骏在 11 点时以快速行走和以慢速行走的路程差相等，这一数量关系是关键。而采用画图的方法，就能更明了：

少走的

很容易就看出了，在 11 点，慢速少走的路程，就是后来慢速多花的时间走的路程。

掉入了“平均”的陷阱

每当班上进行一次考试后，老师就会把整个班的平均分算出来告诉学生们。而平均分是由全班所有人的总分数 ÷ 人数得来的。

那平均速度是不是用速度之和除以速度的个数求得的呢？

我们不妨结合生活实际来看一看——骏骏要去离家 6 千米的潇潇家，去时的步行速度是 5 千米 / 时，返回时是 3 千米 / 时，请问骏骏的平均速度是多少呢？

初看是不是觉得题目简直太简单了？根据平均分的算法，平均速度就是取两个速度的平均值，所以平均速度：

（5+3）/2=4（千米 / 时）

如果你也这样认为，那就掉入了“平均”的陷阱。首先，我们来想想，什么是平均速度。

求平均速度的思考方式

平均速度是指在某一段时间内物体运动的快慢。这个数量跟物体在某段时间内运动的路程及所用的时间有关，得到数量关系：平均速度 = 路程 ÷ 时间。而前面用两个速度之和除以 2，求得的是速度的平均值，而不是平均速度。

因此，根据数量关系，我们要求整个行程骏骏的平均速度，那就要先求出整个行程的路程和所用的时间。

总路程 = 一来一回走的总距离 $=2\times6=12$（千米）

总时间 = 去的时间 + 返回的时间 $=6\div5+6\div3=3.2$（时）

所以，平均速度 $=12\div3.2=3.75$（千米 / 时）

因此，求一段时间内的平均速度，与平均速度相关的“总路程”和走完这段路程花费的“总时间”是解题的关键。

概率总和是“1”

所谓概率，就是反映随机事件出现的可能性的大小。这件事肯定会发生，我们就说它发生的概率是“1”；一件事肯定不会发生，我们就说它发生的概率是“0”。事情发生的可能性在0和1之间（包括0和1）。

比如：

你早上醒来，睁开眼睛，这是肯定会发生的事情，所以它发生的概率是1。

再比如：

一个数学成绩一向很优秀的人和一个数学成绩总是不及格的人去参加一场考试，成绩优秀的那个人及格的可能性高于数学成绩总是不及格的人。

再比如：

太阳从西边升起是肯定不会发生的事情，所以它发生的概率为0。

在生活中，我们做很多事情时，也许没有十足的把握能做成功，但是，我们可以努力提高成功的概率。

比如，为了期末考试能考更高分，我们认真复习；为了体育测试的跳绳项目能达到优秀，我们每天练习跳绳。

在我们的生活中，有很多事情的结果其实并非只有一种，但是一件事情产生的所有结果的概率之和，却永远是1。

有3个不同颜色的球，它们分别是蓝色、红色、黄色。把它们放到一个盒子里，让你蒙眼来摸一个球，这时会出现几种情况？这些情况的可能性各是多少？总和又是多少呢？

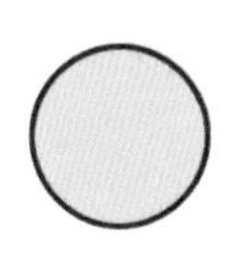

第一种情况：摸到的是蓝球

第二种情况：摸到的是红球

第三种情况：摸到的是黄球

第一种情况是3种情况里的一种，所以，摸到蓝球的概率是$\frac{1}{3}$。同样，第二种情况和第三种情况发生的概率也分别是$\frac{1}{3}$。

将这三种情况发生的概率加起来：$\frac{1}{3}+\frac{1}{3}+\frac{1}{3}=1$。

比如扔硬币，在保证硬币不会立着停下的情况下，扔一次，正面朝上的概率是$\frac{1}{2}$，反面朝上的概率也是$\frac{1}{2}$，两种情况加起来就是1。这是因为忽略硬币的厚度，硬币只有正反两面，当硬币被扔下不是正面朝上，就是反面朝上，所以，这两种情况合起来发生的概率就是1。

你还能举出类似的例子吗？

数量一起变大，一定是正比例关系？

仔细观察会发现，在相关联的两个量里，如果一个量变大，另一个量也变大；一个量变小，另一个量也会变小。

像这样变化的两个量，极有可能成正比例关系。

不过，在数学里，成正比例关系的两个量，除了满足上面的变化要求外，还得满足另一个条件，即，这两个量相除得到的数值是固定不变的。

同时满足以上两个条件的两个量才能被认为是成正比例关系的。

如：购买的总价与购买的数量。

要判断这两个量是否满足正比例关系，就看它们是否满足上述两个条件。当我们去买某样东西时，如果购买物品的总价格越高，说明我们所买到的物品数量就越多，所以，满足了第一个条件。再把它们相除：总价 ÷ 数量，刚好等于这个物品的单价，物品的单价在同一次买卖过程中是不会改变的。所以，总价 ÷ 数量就等于一个固定的值。

所以，购买某一物品的总价确实和购买的数量成正比例关系。

小试牛刀，是不是感觉还不错。来，再尝试一下判断以下两个量的关系吧。

如：正方形的周长与边长

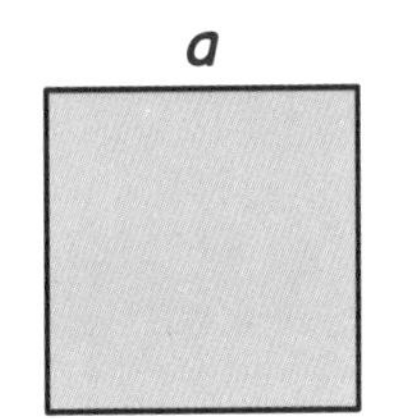

$C=4a$

a 为正方形的边长

我们知道：

正方形的周长 = 边长 ×4

正方形的边长越长，周长肯定是越长的。

而且，正方形的周长 ÷ 边长 =4，4 是一个固定的值。

综上，满足了两个条件，所以，正方形的周长与边长成正比例关系。

按这样的步骤，有条不紊地来进行判断，是不是觉得一点也不难了？不妨再来尝试一个！小心，这里面可是暗含陷阱的哦。

如：圆的面积与半径

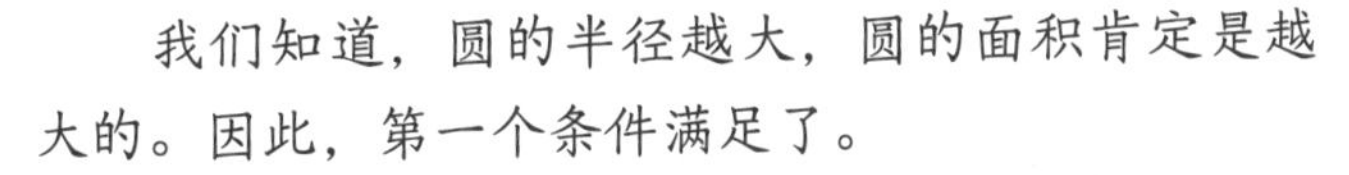

我们知道，圆的半径越大，圆的面积肯定是越大的。因此，第一个条件满足了。

再来看第二个条件——

求圆的面积 ÷ 半径

根据圆的面积和半径存在这样的数量关系可知——圆的面积 =π × 半径 × 半径，可以得出：

圆的面积 ÷ 半径 =π × 半径

因为 π 是固定的值，但是半径是会变化的，所以，圆的面积 ÷ 半径不是一个固定的值。

综上，**圆的面积与半径不成正比例关系。**

少的是油，不变的是桶

当我们用容器装着它们称，称出来的重量肯定包含了容器的重量。但是，我们想知道的重量必须去掉容器的重量。

我们可以把称完重的物品倒进另一个容器，把之前和物品一起称的容器单独再称一次，然后用之前称得的总重量减去第二次称得的容器的重量。

但是，如果不想换容器，你可以根据实际情况，求出油本身的重量吗？看下面这种情况：

一桶油连桶重 16 千克，用去一半后，连桶重 9 千克，桶重多少千克？油原来有多少千克？

整个题目，没有特别难理解的语句，除了“用去一半”这一句。我们要弄清楚，“用去的一半”具体指的是用去了什么。

一桶装满油的桶，我们用去一半，用掉的肯定是油的一半，而不可能把桶也用掉一半。

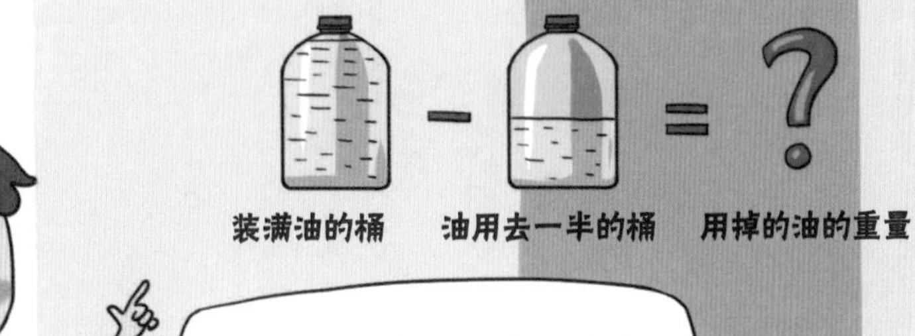

所以，原来的桶连油的重量 − 后来桶连油的重量，就是用掉的油的重量。

用掉的油的重量 = 16−9=7（千克）

原来的油的重量 = 用掉的油重量的 2 倍 = 7 × 2=14（千克）

桶重 = 桶连油的重量 − 油的重量 = 16−14=2（千克）

在使用的过程中，重量变少的是油，而桶的重量并没有变。

来自印度的 0 与无穷

0 带来的麻烦

古印度人在数学领域的研究上做出了许多贡献，比如发明阿拉伯数字和按照数位计数（就是从最高位写到最低位）。古印度人还在公元876年开始使用0。0是表示不存在的数，日常生活中如果什么东西不存在，我们运算时不管它就完了。但有了0，我们就可以借助数学来思考一些抽象的概念。

比如，在做加减法时遇到0，对结果并无影响。可要是乘以0呢？比如5×0，你可以理解为有0个5，那就还是0。但如果是5÷0，这又是什么意思呢？它会得到什么结果呢？

5÷0，是不是意味着5分成0份还等于5呢？但印度人是这样思考这个问题的：

1÷1=1，1÷0.5=2，1÷0.1=10，1÷0.01=100

你发现了吗，除数越小，结果反而越大，那如果除数小到变成0，结果不是会变成无穷大吗？如果这个说法成立的话，100×0.01=1，无穷大×0又该等于多少呢？1？ 2？任何数？还是0？

为了避免这个麻烦，人们直接作出了规定：0不能当除数。

无穷的概念

0 小露了一手，就让人们看到了“无穷”这个概念可能造成的麻烦。因此古希腊人对“无穷”避而远之，但古印度人却发现，在数学中，“无穷”其实是很有用的。

“无穷”的用处跟测量坡度的实际问题有关。坡度就是一座山山坡陡峭或平缓的程度。你可以把山体的形状想象成三角形，坡度就是山坡和地面的夹角。知道了山的水平高度和山坡的长度，就能求出山坡与地面尖角的正弦。

反过来，要是知道了角的正弦，就能求出两点间的距离，有的距离是没法用尺子量的，比如地球到月亮的距离。

但讨厌的是，大多数正弦都是无理数，就像圆周率 π 那样，所以得计算并记录它们。

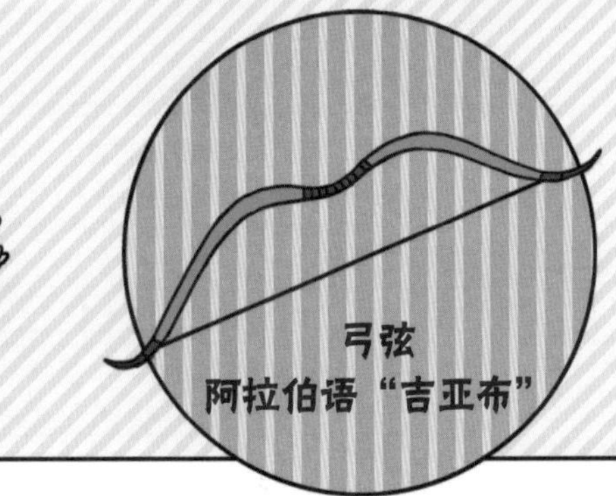

吉巴
阿拉伯语“海湾”

“正弦”（sinus）一词的由来有着曲折的经历。它是阿拉伯语“弓弦”的意思，直接音译是“吉亚布”。因为命名正弦的阿拉伯数学家花剌子模认为，这是对连接弧形的弦长一半的最好比喻。但在翻译成拉丁语时，译者错把“吉亚布”翻译成了“吉巴”，也就是阿拉伯语里的“海湾”。于是“正弦”就变成了拉丁语里的“海湾”（sinus）一词。

为了精确地记录正弦，当时的印度人想尽了办法，而分数是不适合记录无理数的。一位叫马德哈瓦的数学家用“无穷”的概念解决了这个问题。

马德哈瓦发现，二分之一加上四分之一，再加上八分之一，再加上十六分之一……经过无穷次计算可以接近 1。那么，同样也可以无穷接近任意一个数。

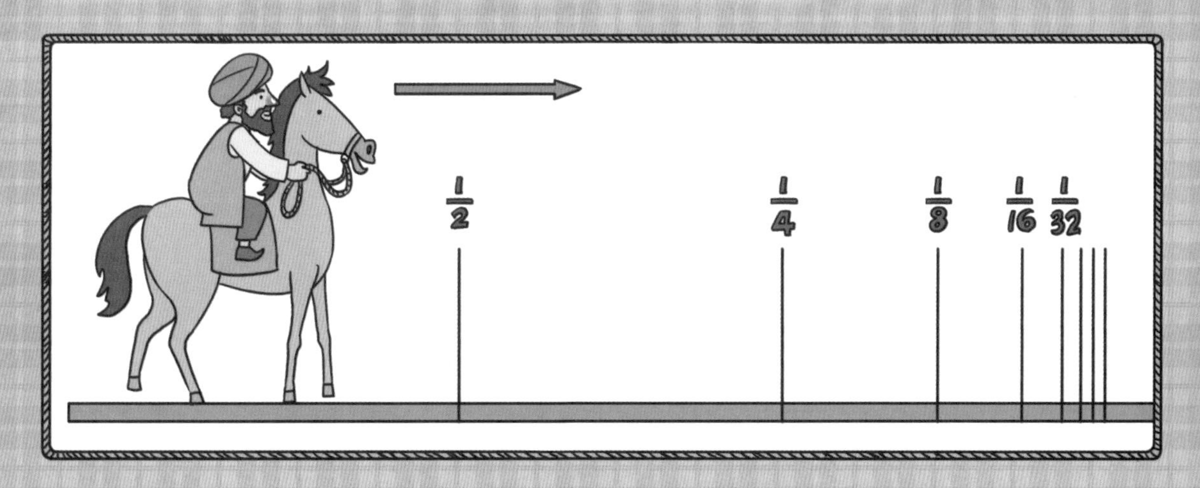

对正弦和圆周率 π 这样的无理数，只需要构建一个趋近于该数的数列就可以了。实际应用时，数列也不是越长越好。需要的精确度没那么高，则数列的长度就短一些；需要的精确度高，则数列就长些。

圆周率（π）

15 世纪时，在印度的喀拉拉邦建起了一所专门教授数学和天文学的学校。它的主人是马德哈瓦。马德哈瓦在这里和自己的学生求出了许多的无理数。而关于“无穷”的问题，欧洲人还要等到 300 年后才能解决。

血型的秘密

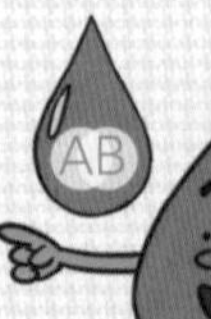

人类有4种血型，分别是A型、B型、O型和AB型，下表是父母和子女血型的对应关系。

父母血型	子女可能血型
O，O	O
O，A	A，O
O，B	B，O
O，AB	A，B
A，A	A，O
A，B	A，B，AB，O
A，AB	A，B，AB
B，B	B，O
B，AB	A，B，AB
AB，AB	A，B，AB

下图中有三个身穿红色、黄色、蓝色衣服的小朋友，他们的血型分别是O型、A型、B型。下面的三组家长就是他们的爸爸妈妈，每组家长的血型相同，血型分别为AB型、A型、O型。你能帮助他们找到各自的爸爸妈妈吗？

O型血

A型血

B型血

AB型血

A型血

O型血

想要帮助他们找到各自的爸爸妈妈，首先我们应该知道特定血型的父母所生孩子的血型也是固定的，看看上方的亲子血型配对表你就明白了。

根据配对表提供的信息我们能够推测出，当父母双方都是 O 型血时，他们的孩子只能是 O 型血，所以穿红色裙子的小朋友就是戴红色帽子家长的孩子。戴黄色帽子的家长都是 A 型血，他们的孩子可能是 A 型或 O 型，因为 O 型血的小朋友已经找到了爸爸妈妈，所以他们的孩子只能是 A 型血穿黄色衣服的小朋友。剩下 B 型血的小朋友的爸爸妈妈就是戴蓝色帽子的家长了。

小美每天准时坐公交车从学校回家，但她只能坐到离家最近的车站，爸爸开车在这里等她并接她回家。每天爸爸和小美到车站的时间相同。

今天，路上没有堵车，因此小美坐的公交车到达车站的时间比平时要早，这时候爸爸还没到车站，于是小美下车后就步行回家，走了 30 分钟正好遇到爸爸的车。她坐上车回家后，发现比平时早了 20 分钟到家。

问题来了，

小美乘坐的公交车比平时早了多少分钟抵达车站?

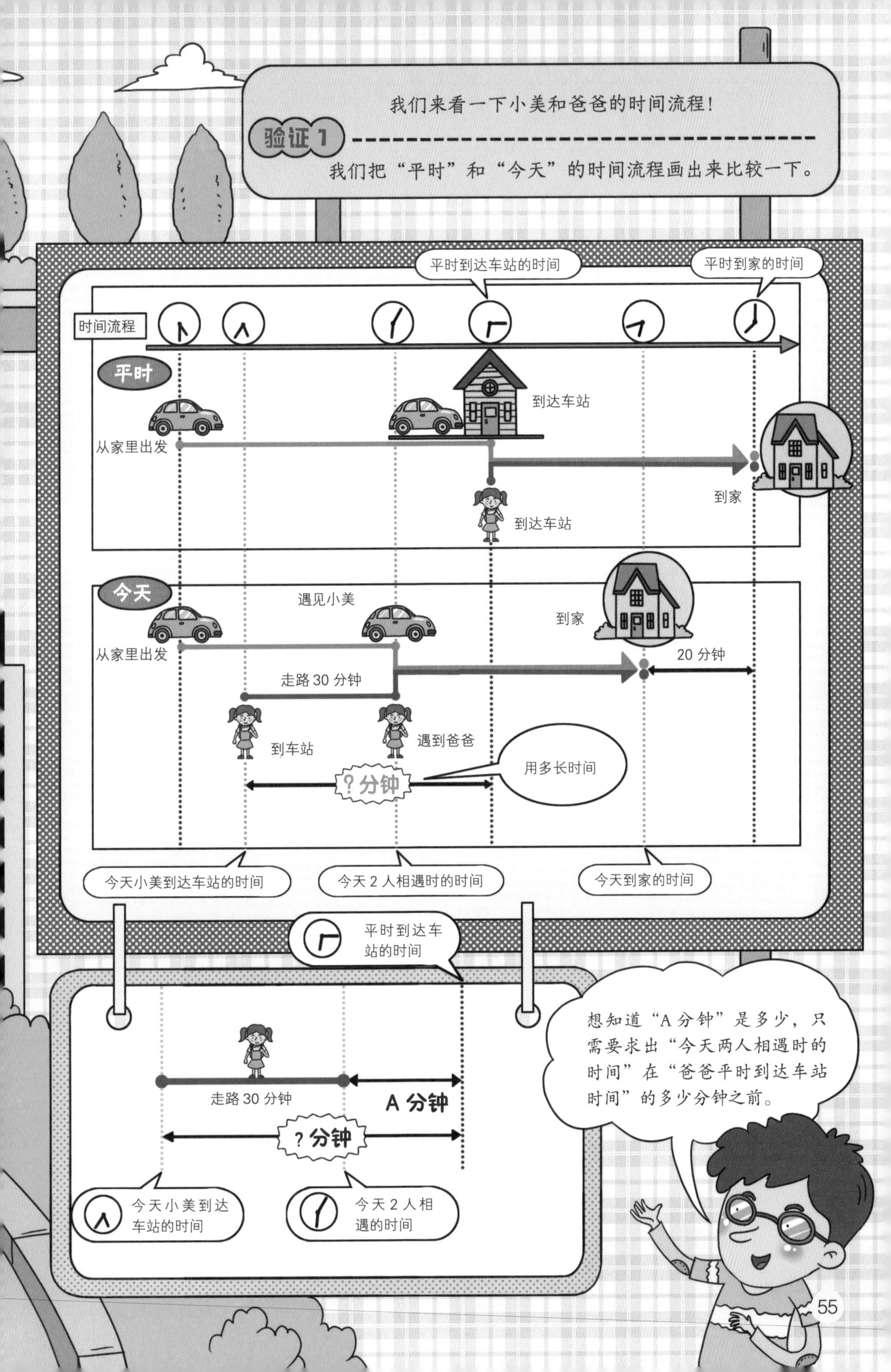

我们来看一下小美和爸爸的时间流程！
验证 1
我们把“平时”和“今天”的时间流程画出来比较一下。
平时到达车站的时间
平时到家的时间
时间流程
平时
到达车站
从家里出发
到家
到达车站
今天
遇见小美
到家
从家里出发
20 分钟
走路 30 分钟
到车站
遇到爸爸
用多长时间
? 分钟
今天小美到达车站的时间
今天 2 人相遇时的时间
今天到家的时间
平时到达车站的时间
走路 30 分钟
A 分钟
? 分钟
今天小美到达车站的时间
今天 2 人相遇的时间
想知道“A 分钟”是多少，只需要求出“今天两人相遇时的时间”在“爸爸平时到达车站时间”的多少分钟之前。

可是，“今天两人相遇时的时间”在“爸爸平时到达车站时间”的多少分钟之前，这个问题怎么算呢？

还是画两幅图吧，它们能帮助你搞清楚“今天”和“平时”有什么不同。

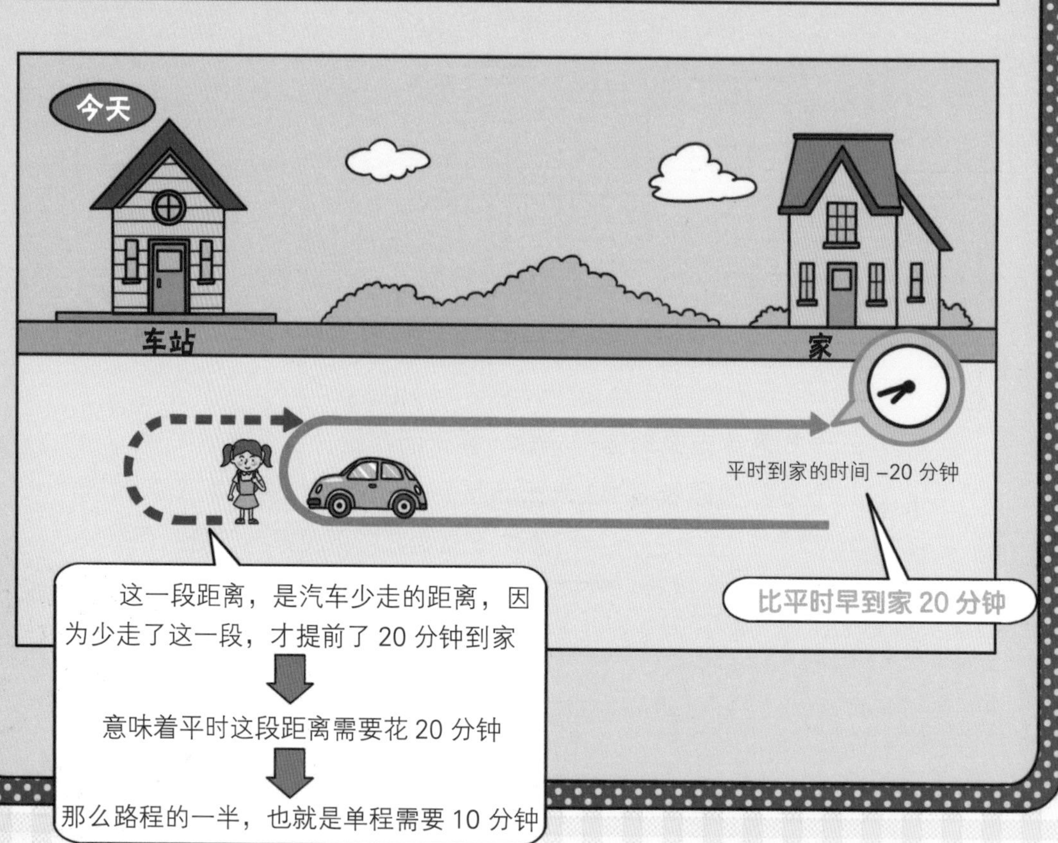

那么，今天爸爸遇到小美比平时早几分钟呢？

最后综合来看

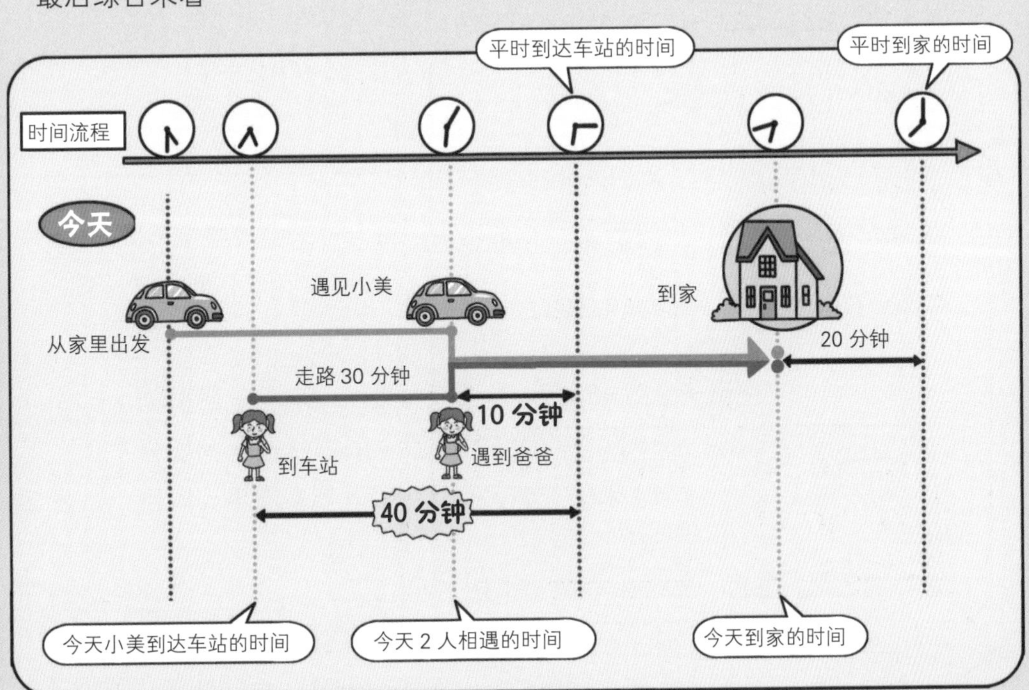

答案出来了，今天小美的公交车比平时早到了 40 分钟。

答案是 40 分钟。

两个人分蛋糕

咦，为什么多了 4 个？

6+2=8　　6−2=4

现在有 12 个蛋糕，两兄妹打算分着吃。哥哥个头大，想多吃 2 个。于是，每人各会分到多少个蛋糕？

首先，我们将 12 个蛋糕平分，就是每人分到 6 个蛋糕。然后，因为哥哥要多拿 2 个，所以妹妹就把自己的 2 个蛋糕给了哥哥。于是，兄妹两人的蛋糕是相差了 2 个吗？

仔细一看，哥哥的蛋糕居然比妹妹多了 4 个。为什么会这样呢？试着回顾一下分蛋糕的过程。

首先，妹妹把 2 个蛋糕给了哥哥，因此妹妹手上的蛋糕就是 6−2=4 个。也就是说，减少 2 个后，妹妹手上只剩下 4 个蛋糕。

然后，哥哥从妹妹那儿拿到 2 个蛋糕，所以就是 6+2=8 个。

哥哥的蛋糕数量比一开始多了 2 个，变成了 8 个。妹妹的蛋糕数量减少 2 个，哥哥增加 2 个，结果就导致兄妹俩的蛋糕数量相差了 4 个。
哥哥觉得自己多拿了蛋糕，于是还了 1 个蛋糕给妹妹。
哥哥的蛋糕减少 1 个，妹妹的蛋糕增加 1 个。于是，两人的蛋糕个数正好相差 2 个。
8-1=7
4+1=5
相差 2 个。

自动分球机

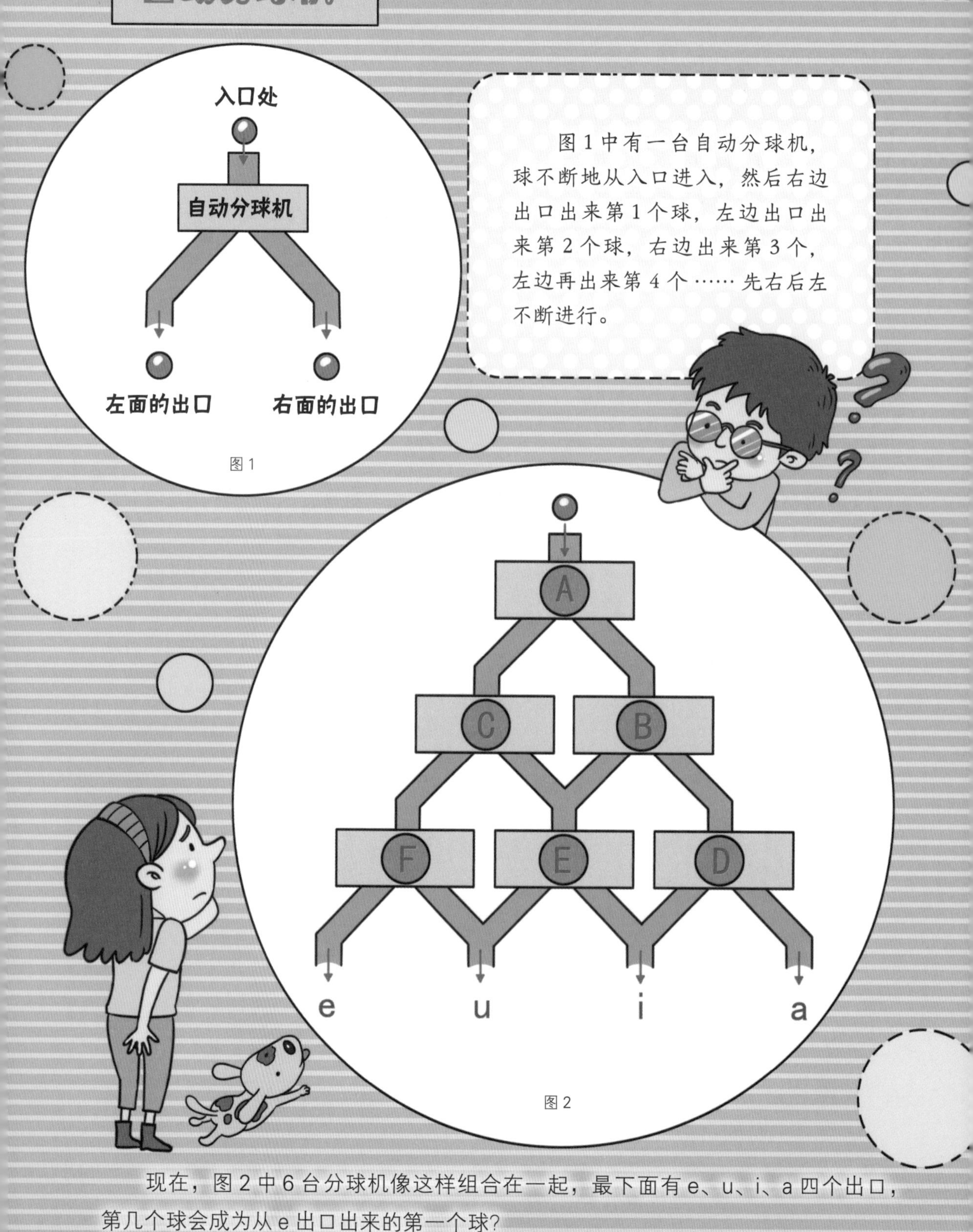

图 1 中有一台自动分球机，球不断地从入口进入，然后右边出口出来第 1 个球，左边出口出来第 2 个球，右边出来第 3 个，左边再出来第 4 个 …… 先右后左不断进行。

图 1

图 2

现在，图 2 中 6 台分球机像这样组合在一起，最下面有 e、u、i、a 四个出口，第几个球会成为从 e 出口出来的第一个球？

请问： **最先从 e 出口出来的球是第几个？**

验证　解决问题前先得搞清楚其他三个口的出球规律

1　首先来看一下自动分球机 Ⓐ

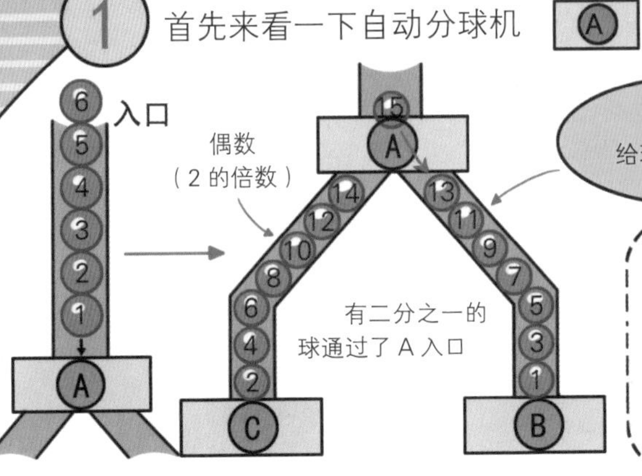

按放入顺序给球编号。

A 入口进来的球有二分之一从 C 出口出去。它们都是偶数（能被 2 整除）编号的球。

2　接下来我们分析一下自动分球机 

4 的倍数

26
24
C
22
20
18
16
14
12
10
8
6
4
2
F
E

又有二分之一的球从 C 口出来，它们是 A 口进来球个数的四分之一。

进入 F 口的球数是 C 口出球数的二分之一，即从 A 口进来的球数的四分之一，也就是所有编号为“能被 4 整除”的球。

3　接下来我们来看一下分球机 

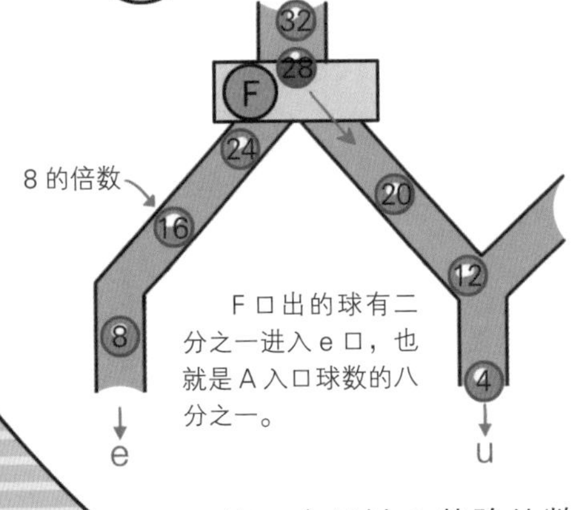

依样画葫芦，e 口出来的球是 F 口进球数的二分之一，也就是 A 口放进来的球数的八分之一，即所有编号“能被 8 整除”的球。

第一个能被 8 整除的数，就是 8 自己。

答案是第8个。

合照
8 个人站成一排拍合照。
他们的身高都不一样。
在拍照时，摄影师提出了 3 个条件：
条件 1 最高的人不能站在最左边或最右边。
条件 2 以从高到矮的顺序，以最高的人为准向左排列。
条件 3 以从高到矮的顺序，以最高的人为准向右排列。
那么，要同时满足以上 3 个条件的话，有多少种排法呢？

我们先满足条件 2 和 3。

根据条件，这里面肯定只有一个最高的人，找到他，让他站好。

第二高的人可以站在最高的人左边或右边，这就有了 2 种排法。

2 种排列方法

其次高的人可以排在最高的人的左边，也可以排在最高的人的右边。

接着再找出第 3 高的人。

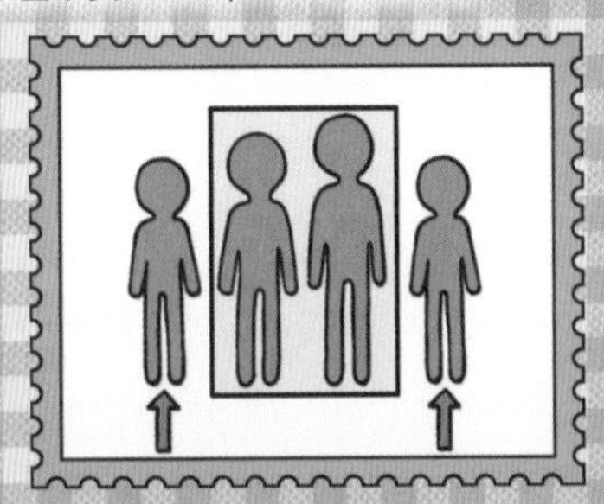

2×2=4 种方法

第 3 高的人可以站在已经排好的两个人左边或右边。

以此类推：

第 4 高的人，可以排在第 3 高的人左边或右边。
第 5 高的人，可以排在第 4 高的人左边或右边。
第 6 高的人，可以排在第 5 高的人左边或右边。
第 7 高的人，可以排在第 6 高的人左边或右边。
第 8 高的人，可以排在第 7 高的人左边或右边。

写成算式，为 $2\times2\times2\times2\times2\times2\times2=128$。

也就是说，有 128 种排法可以满足条件 2 和 3。

且慢，还要考虑条件 1：最高的人不能站在最左边或最右边。

在 128 种排法里，只有 2 种排法不满足："最高的人站最左边，第二高的人站他右边"和"最高的人站最右边，第二高的人站他左边"。

所以，最后的排法有 128−2=126 种。

答案是 126 种。

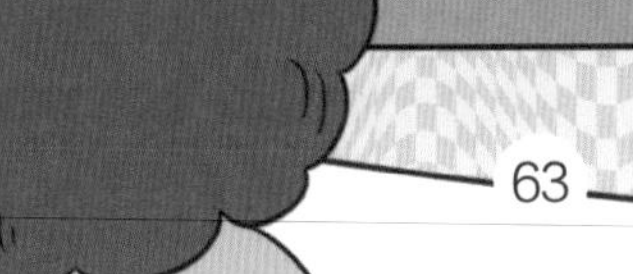

抛硬币实验

我们可以用抛硬币的方式来检验概率运算法则是否准确。下图记录了同时抛 4 个硬币，连抛 100 次的所有结果，如果每次 4 个硬币中有 1 个正面朝上，记为 1，两个正面朝上，记为 2，以此类推，如果一个都没有，则记为 0。然后我们再把记录下的结果画成右图这样的图表，你会发现每次有两个硬币正面朝上的概率是最大的。而蓝色部分是根据概率法则预测的抛硬币可能性。对比一下就知道，根据概率法则预测的结果和实际情况几乎没有什么区别。

2	1	3	1	1	2	2	2	1	1
1	0	4	2	2	2	2	1	2	1
1	2	3	2	2	4	3	0	2	1
2	2	1	1	0	2	0	2	1	2
1	1	1	3	2	2	1	2	2	2
2	3	2	4	2	2	0	1	3	2
1	1	0	3	3	2	3	3	3	2
1	1	1	1	0	4	0	4	4	2
3	4	3	4	2	3	2	3	3	2
3	4	3	3	3	3	3	3	2	2

正面数值	出现次数	出现频率	帕斯卡概率
	8	8%	6%
	24	24%	25%
	36	36%	37%
	23	23%	25%
	9	9%	6%

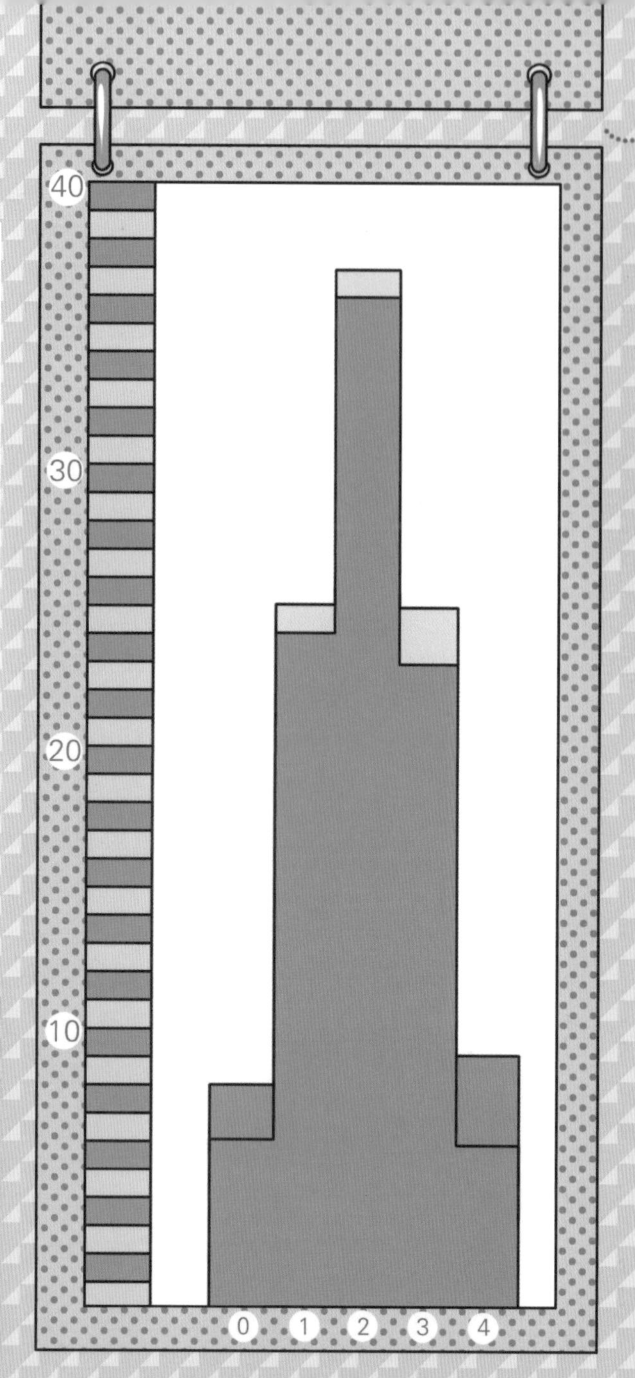

红色区域：统计结果
蓝色区域：根据帕斯卡三角形得出的概率

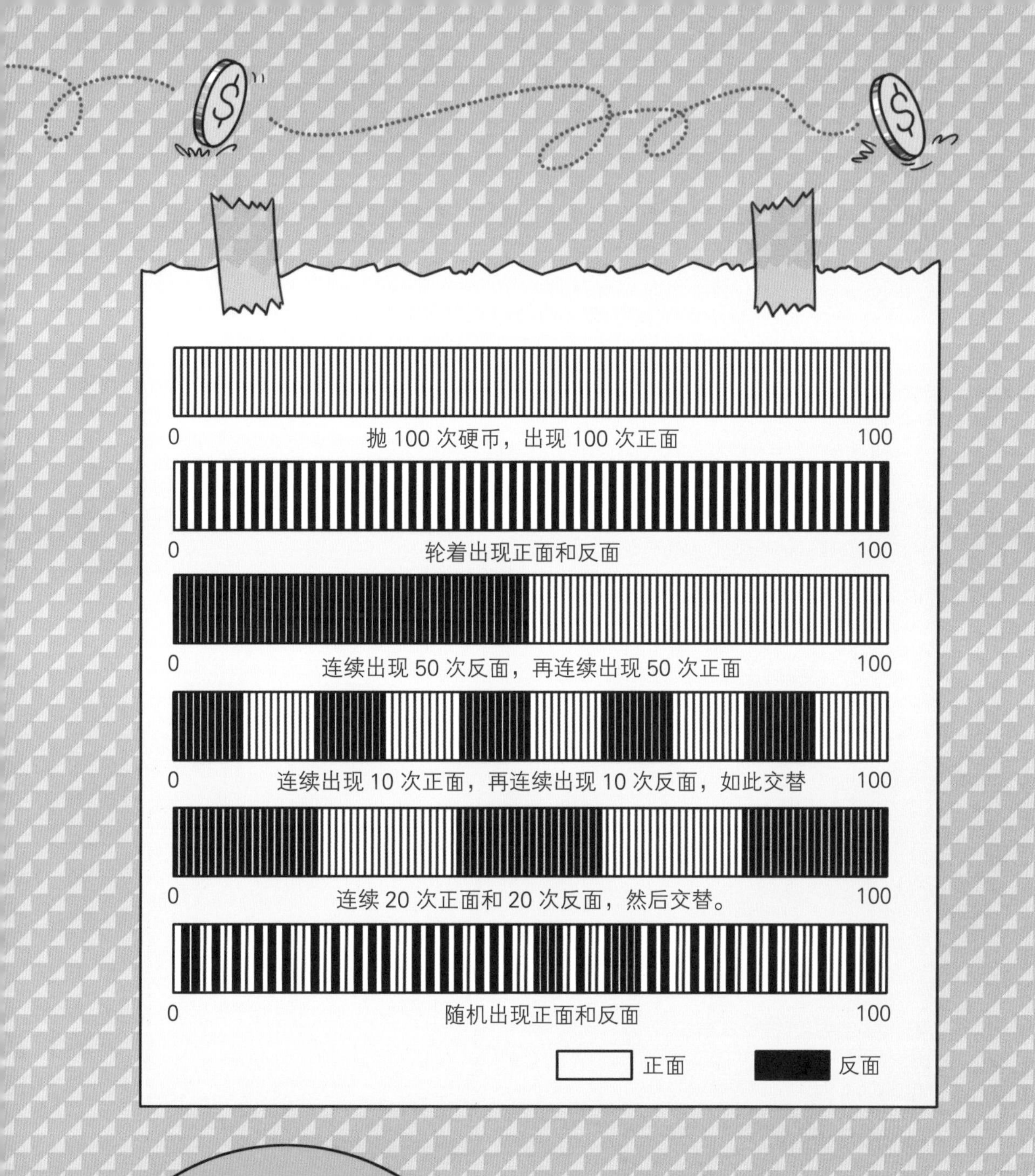

连续出现 100 次正面的情况

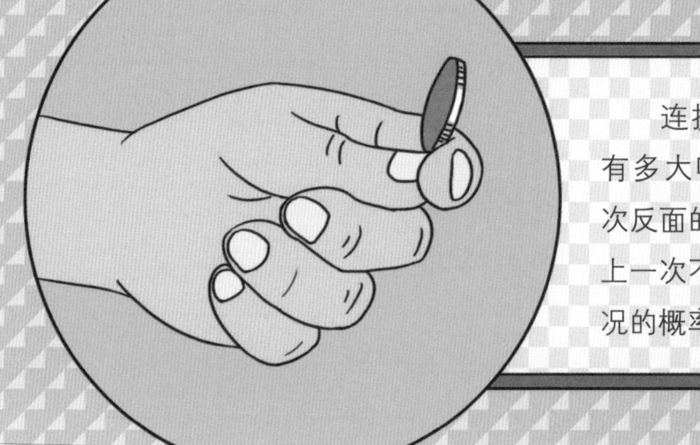

连抛 100 次硬币都得到正面的概率有多大呢？连抛 50 次正面后接着来 50 次反面的概率呢？每次抛硬币的结果都和上一次不同的概率呢？想想看，哪一种情况的概率最大？

骑士遍历问题

在国际象棋游戏中，棋盘上的“骑士”每次只能水平走两个格子，垂直走一个格子，或者垂直走两个格子，水平走一个格子，方向不限。

那么，“骑士”能不能在不重复的情况下走完棋盘上每一个格子呢?

这就是骑士遍历问题，也叫跳马问题。

数学家莱昂哈德·欧拉对它产生了浓厚的兴趣。其实，它可以转换成像下图那样的路线，欧拉在其中发现了各种各样的规律和模式。

在国际象棋里，不同起点的骑士遍历路线多达 13267364410532 种。

3×3 的棋盘
4×4 的棋盘
5×5 的棋盘
6×6 的棋盘
7×7 的棋盘
8×8 的棋盘

不同的遍历法

在 1968 年出版的《消遣数学期刊》里，亚伯勒（Yarbrough）提出了“骑士遍历”这个经典问题的一个变体。骑士棋子除了不能在同一个方格里经过两次之外（在封闭的“遍历”中除外，因为最后一步会回到一开始的方格，否则，这就是一个开放的“遍历”），还不能穿越自己所走的道路（这条道路是由每一步的始点与终点之间的直线构成的）。

衍生出来的这一变体叫作“不跨越的骑士遍历”。

马丁 · 加德纳（Martin Graner) 在他的著作《数学循环》一书中就指出了这个问题，并且解释说，亚伯勒在 6 × 6 的棋盘里发现的遍历步数，能够超越原先的 16 个步骤提升到 17 步。

唐纳德 · 克努特（Donald Knuth）写了一个程序，主要是对 3 × 3 到 8 × 8 的所有棋盘进行研究。遍历一次需要的步数分别是 2、5、10、17、24 与 35。

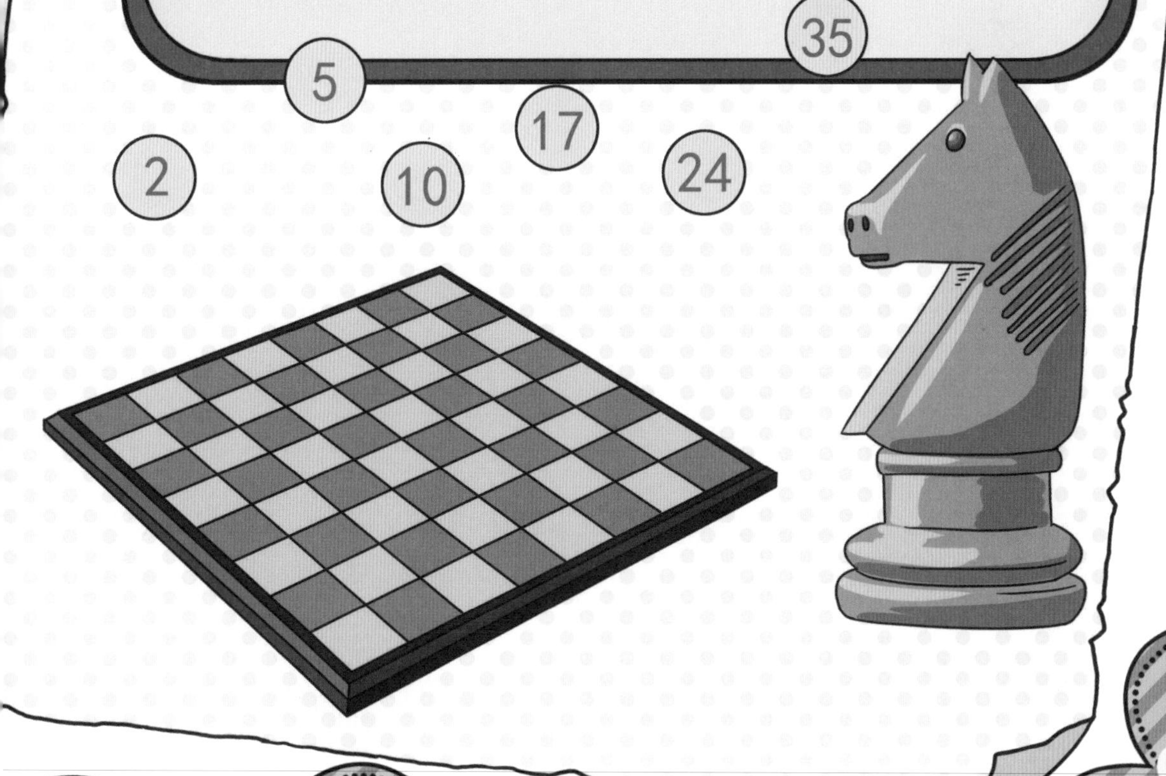

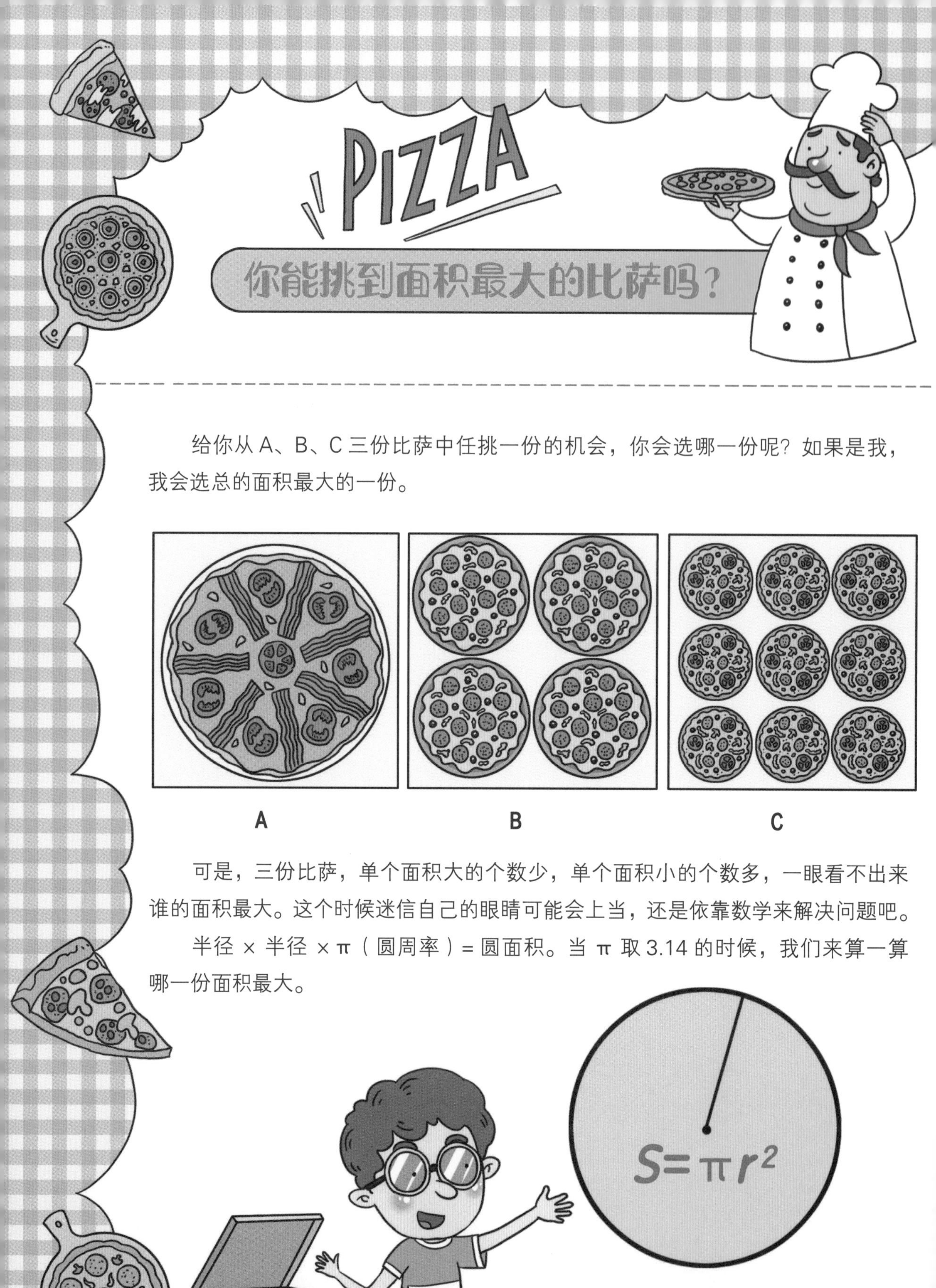

给你从 A、B、C 三份比萨中任挑一份的机会，你会选哪一份呢？如果是我，我会选总的面积最大的一份。

可是，三份比萨，单个面积大的个数少，单个面积小的个数多，一眼看不出来谁的面积最大。这个时候迷信自己的眼睛可能会上当，还是依靠数学来解决问题吧。

半径 × 半径 ×π（圆周率）= 圆面积。当 π 取 3.14 的时候，我们来算一算哪一份面积最大。

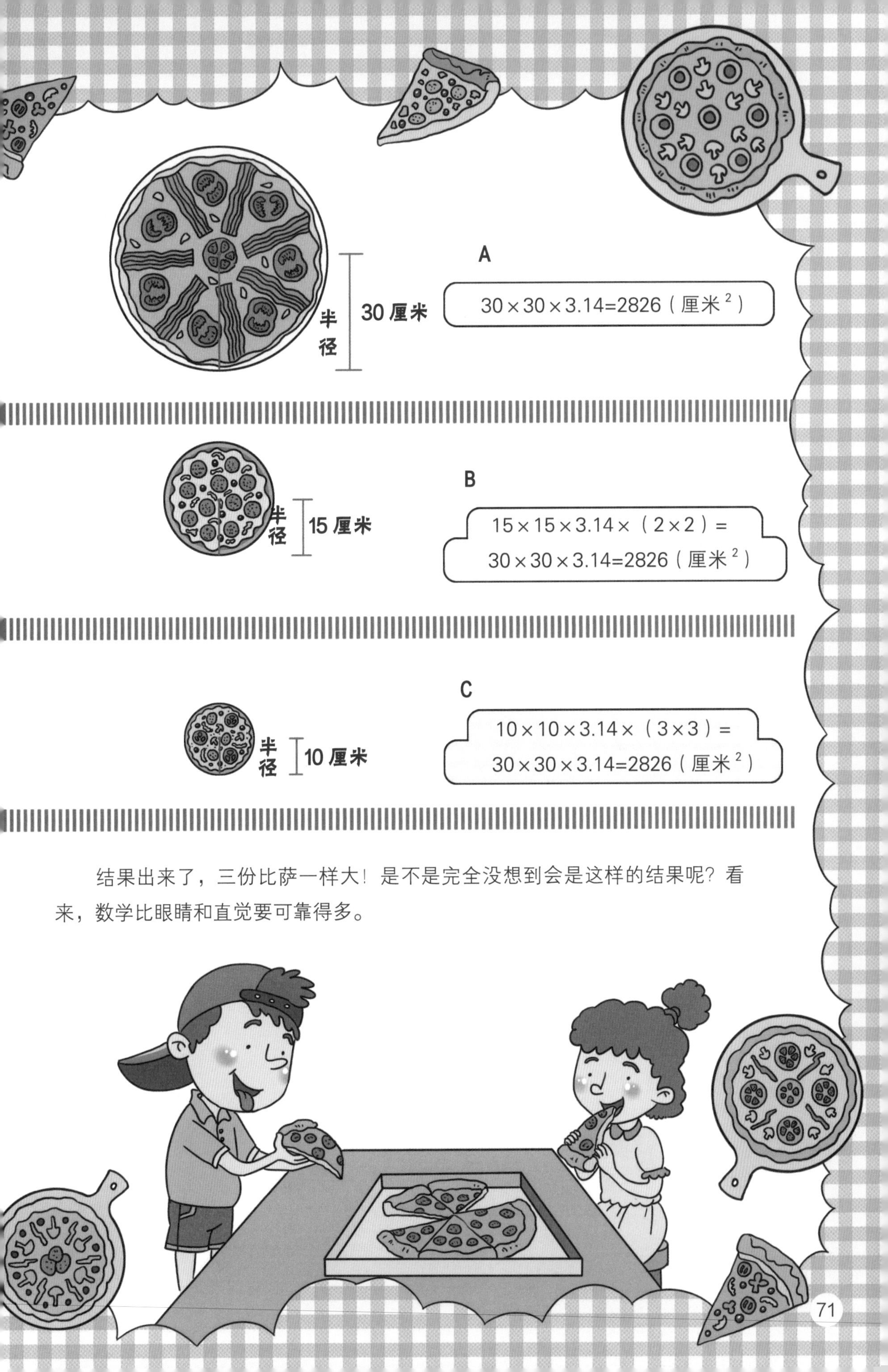

结果出来了，三份比萨一样大！是不是完全没想到会是这样的结果呢？看来，数学比眼睛和直觉要可靠得多。

在印度孟买市东北方向有一个叫纳西克的地方，这里的一座神庙里有着右图这样的碑文。19 世纪中期时，英国人佛洛斯特发现碑文上实际是一种 4 阶幻方，这就是纳西克幻方。

7	12	1	14
2	13	8	11
16	3	10	5
9	6	15	4

纳西克幻方中的数字是这样的。

把两个这样的幻方拼起来，会得到一个这样的矩阵。

7	12	1	14	7	12	1	14
2	13	8	11	2	13	8	11
16	3	10	5	16	3	10	5
9	6	15	4	9	6	15	4

从左往右画 4 条对角线，线上的数字和就是它们的幻和。

7	12	1	14	7	12	1	14
2	13	8	11	2	13	8	11
16	3	10	5	16	3	10	5
9	6	15	4	9	6	15	4

7+13+10+4=34

12+8+5+9=34

1+11+16+6=34

14+2+3+15=34

从右往左画 4 条对角线，也是一样的。

7	12	1	14	7	12	1	14
2	13	8	11	2	13	8	11
16	3	10	5	16	3	10	5
9	6	15	4	9	6	15	4

14+8+3+9=34

1+13+16+4=34

12+2+5+15=34

7+11+10+6=34

这叫轮胎幻方，因为如果你把这个幻方画在一张有弹性的橡胶皮上，然后将其卷成圆柱体，再拉长，让首尾相接，就变成了一个“轮胎”的模样。

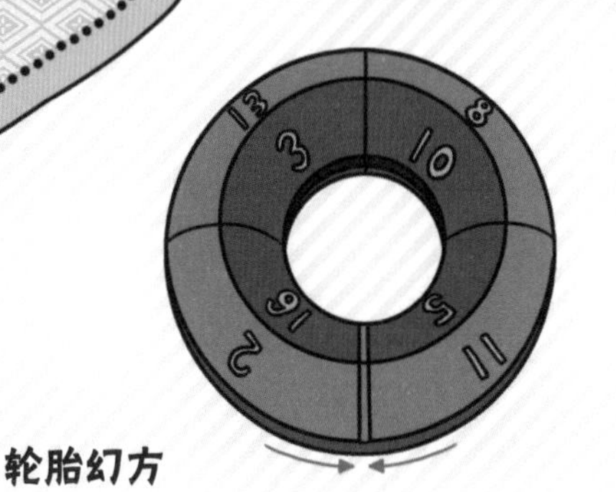

轮胎幻方

2	13	8	11
16	3	10	5
9	6	15	4
7	12	1	14

1	14	7	12
8	11	2	13
10	5	16	3
15	4	9	6

13	8	11	2
3	10	5	16
6	15	4	9
12	1	14	7

你从任何角度看这个“轮胎”，都能得到一个幻方。而且它们中都可以发现“对角线上数字和等于幻和”这一规律。具有这一特征的 4×4 幻方只有 384 个。

好，现在我们再把这个幻方朝任意横向和竖向方向复制，像下面这样：

1	8	10	15	1	8	10	15	1	8	10	15
14	11	5	4	14	11	5	4	14	11	5	4
7	2	16	9	7	2	16	9	7	2	16	9
12	13	3	6	12	13	3	6	12	13	3	6
1	8	10	15	1	8	10	15	1	8	10	15
14	11	5	4	14	11	5	4	14	11	5	4
7	2	16	9	7	2	16	9	7	2	16	9
12	13	3	6	12	13	3	6	12	13	3	6

你会看到不管是横行、竖行还是对角线上任意 4 个连续的数之和都等于 34。而各个 2×2 矩阵的数字和也等于 34。像下面这样：

7	12
2	13

13	8
3	10

10	5
15	4

16	3
9	6

1	14
8	11

2	13
16	3

如果是 3×3 的矩阵，4 个角上的数字和也等于 34。4×4 矩阵也是如此。

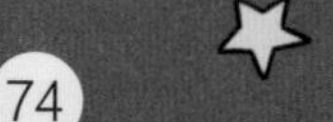

如果把这个幻方从中心点分成 4 个 2×2 矩阵，再把所有数字纵横相加，会得到 4 个由相同数字组成的图形。

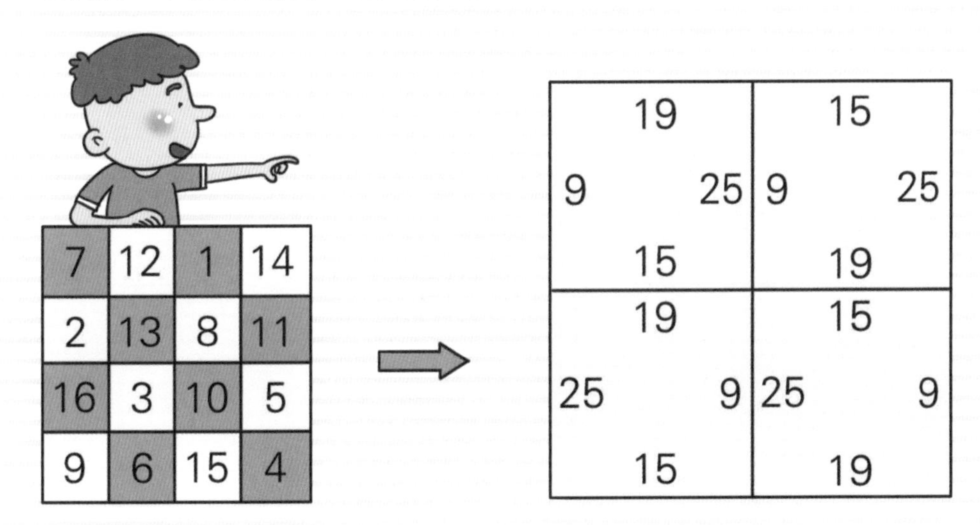

怎么样，神奇吧？正是因为这样，1977 年美国的旅行者 1 号和旅行者 2 号探测器乘坐运载火箭进入了太空。科研人员特意让它们带上了这个幻方。他们希望假如真的存在外星人的话，可以借助幻方让它们了解地球的文明。

放置在飞船中的幻方

20 克糖
100 克水
50 克糖
100 克水
100 克水
500 克水
50 克糖
100 克糖
500 克水
100 克水

除了糖，你还能在生活中找出哪些材料进行实验？它们的实验结果与糖的是否一致？

把你的实验过程及结果记录在下边的横线上吧。

ABC